ZEITSCHRIFT FÜR ANGEWANDTE GEOLOGIE

HERAUSGEGEBEN VON

DER STAATLICHEN GEOLOGISCHEN KOMMISSION

UND DER ZENTRALEN VORRATSKOMMISSION

DER DEUTSCHEN DEMOKRATISCHEN REPUBLIK

AUS DEM INHALT

AKADEMIE-VERLAG · BERLIN

BAND 7 / HEFT 3
MÄRZ 1961
SEITE 105–160

INHALT — СОДЕРЖАНИЕ — CONTENTS

Die ZEITSCHRIFT FÜR ANGEWANDTE GEOLOGIE berichtet ständig ausführlich über folgende Arbeitsgebiete: Geologische Grundlagenforschung und Lagerstättenforschung / Methodik der geologischen Erkundung / Ökonomie und Planung der geologischen Erkundung / Technik der geologischen Erkundung / Geologie und Lagerstättenkunde im Ausland / Bibliographie, Verordnungen, Richtlinien, Konferenzen, Personalnachrichten

Die ZEITSCHRIFT FÜR ANGEWANDTE GEOLOGIE ist kein Organ einer engen Fachgruppe. Auf ihren Seiten können alle strittigen Fragen der praktischen Geologie behandelt werden. Die Autoren übernehmen für ihre Aufsätze die übliche Verantwortung.

ZEITSCHRIFT FÜR ANGEWANDTE GEOLOGIE

CHEFREDAKTEUR: PROF. DR. E. LANGE

BAND 7 · MÄRZ 1961 · HEFT 3

Zur Erfassung und Deutung tiefer Reflexionen im Thüringer Becken

HANS RISCHE, Leipzig

Reflexionsseismische Arbeiten erfassen meist Tiefen bis etwa 5 km. Die gleichzeitige Erforschung größerer Tiefen mit den Standardverfahren stößt vor allem wegen der Energieanregung und der Frequenzänderung mit der Laufzeit auf Schwierigkeiten. Deshalb wurden in verschiedenen Gebieten Versuche unternommen, bei Großsprengungen Reflexionen mit entsprechend großer Laufzeit zu beobachten. Ergebnisse sind u. a. aus den USA von JUNGER (1951), aus Süddeutschland von REICH (1954) und aus der Sowjetunion von TWALTWADSE (1950) bekannt. Auch speziell für die Erfassung von Tiefenreflexionen durchgeführte größere Sprengungen brachten brauchbare Resultate (GÁLFI & STEGENA 1957).

Nur in seltenen Fällen, oft durch Zufall, gelingt es, bei der seismischen Bearbeitung lagerstättenkundlich interessanter Teufen gleichzeitig Angaben über wesentlich tiefere Schichten zu erhalten. Entsprechende Ergebnisse wurden von DOHR (1957 und 1959), REICHENBACH & SCHMIDT (1959), SCHULZ (1957) sowie WIDESS & TAYLOR (1959) beschrieben.

Im Thüringer Becken konnten bei reflexionsseismischen Arbeiten ohne Erhöhung des meßtechnischen Aufwandes Reflexionen mit größerer Laufzeit (bis 8 Sekunden) registriert werden. Sie lassen sich über mehrere Seismogramme korrelieren und werden sowohl durch Amplitudenüberhöhung als auch durch Phasengleichheit über die meisten Spuren charakterisiert. Abb. 4 zeigt ein Seismogramm mit folgenden technischen Daten:

Ladungstiefe:	8 m
Ladungsmenge:	3 kg Gelatine Donarit
Geophongruppenabstand:	20 m
Bündelung:	fünffach in Profilrichtung
Bündelabstand:	5 m
Meßapparatur:	SS 26—51
Gesamtverstärkung:	$6 \cdot 10^6$
Grenzfrequenzen:	35—90 Hz

Die Schußbohrung stand in Alluvionen über Mittlerem Keuper, der Abstand vom Schußpunkt bis zur ersten Geophongruppe betrug 20 m. Von 0,6 bis 1,45 Sekunden Laufzeit sind sehr gute Reflexionen zu beobachten, die dem Paläozoikum zugeordnet werden können. Eine genaue Einordnung ist nur bis zum Oberen Rotliegenden möglich, da bis jetzt tiefere Bohrungen fehlen. Bis 2 Sekunden Laufzeit sind noch starke Amplitudenüberhöhungen zu beobachten, die jedoch nicht über das gesamte Seismogramm aushalten. Von hier ab wird das Schwingungsbild wesentlich ruhiger. Es treten einzelne Schwingungsgruppen auf, sehr deutlich ausgeprägt bei 3,1 und 7,8 Sekunden. Jedoch zeigt auch der übrige Teil des Seismogramms Schwingungen, die über die Mehrzahl der Spuren durch Gleichphasigkeit gekennzeichnet sind.

Für die Darstellung der Reflexionselemente wurde auf Grund bohrlochseismischer Messungen und refraktionsseismischer Ergebnisse bei Großsprengungen (CLOSS 1959, REICH 1954) folgender Geschwindigkeitsansatz gewählt:

Trias (Mittlerer Keuper bis Unterer Buntsandstein)	3800 m/s
Zechstein	4700 m/s
Oberes Rotliegendes	4000 m/s
älteres Paläozoikum	4500 m/s
bis 3,5 km Teufe	5000 m/s
bis 9 km Teufe	5600 m/s
ab 9 km Teufe	6200 m/s

In Abb. 1 sind die angenommenen Schichtgeschwindigkeiten v* und die sich daraus ergebenden Durchschnittsgeschwindigkeiten $\bar{v}$ über der Tiefe dargestellt. Bis 1900 m Teufe resultieren die Werte aus Messungen in der Bohrung AG 1, die 1 km neben dem seismischen

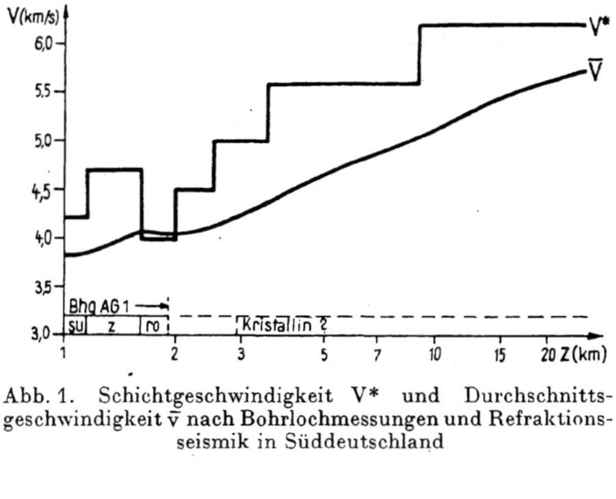

Abb. 1. Schichtgeschwindigkeit V* und Durchschnittsgeschwindigkeit $\bar{v}$ nach Bohrlochmessungen und Refraktionsseismik in Süddeutschland

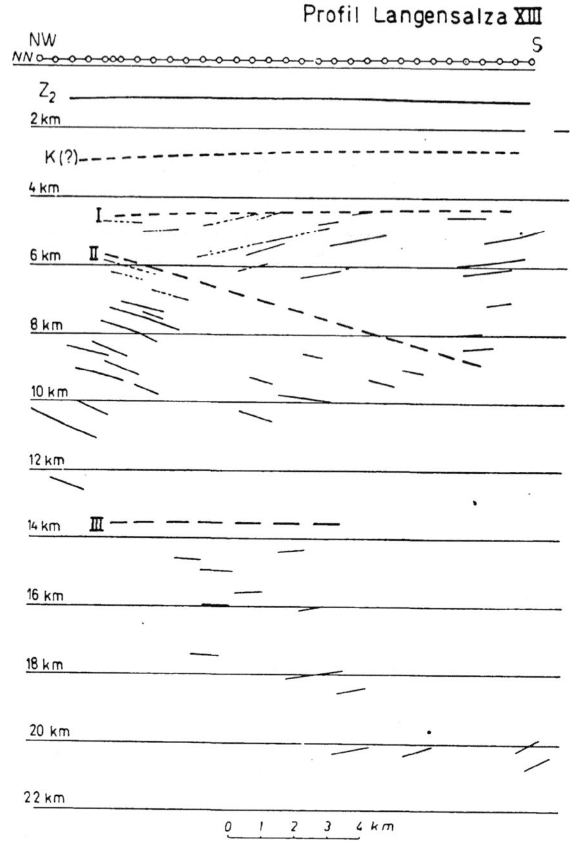

Abb. 2. Konstruierte Tiefenreflexionen auf Profil Langensalza XIII

Profil steht. Die Geschwindigkeitsangaben für größere Tiefen mußten von refraktionsseismischen Messungen in Süddeutschland übernommen werden, da entsprechende Ergebnisse in Thüringen noch fehlen. Diese Extrapolation dürfte jedoch kaum einen größeren Fehler als 10% bedingen, der für die hier vorgelegten Ergebnisse ohne Bedeutung ist.

Die Profildarstellung der einzelnen Reflexionselemente wird in Abb. 2 wiedergegeben. Neben einigen Reflexionshorizonten im Unteren Muschelkalk und im Buntsandstein, die hier nicht dargestellt sind, tritt der Horizont Z in etwa 1000 m unter NN als sehr guter Leithorizont auf. Er wurde anfangs als Hauptdolomit gedeutet, muß jedoch auf Grund neuerer Geschwindigkeits- und Reflexionskoeffizientenbestimmungen dem Hauptanhydrit der Aller-Serie zugeordnet werden. Diesem Horizont folgen einige des Unteren Zechsteins und des Oberen Rotliegenden sowie mehrere Reflektoren (in Abb. 2 nicht dargestellt), die mangels Bohrungen noch nicht gedeutet werden können. Bei etwa 2600 m unter NN setzt eine sprunghafte Abnahme der Reflexionszahl und -qualität ein. Diese Grenzfläche (K?) wurde als mögliche Oberkante des Kristallin interpretiert. Dieser Deutungsversuch resultiert nur aus den seismischen Ergebnissen und bleibt deshalb problematisch.

Bis 4,4 km Teufe (Grenzfläche I) folgt eine Zone, die in den Seismogrammen durch das Fehlen korrelierbarer Reflexionen charakterisiert wird. Sie kann in einem einzelnen Seismogramm nicht gut erkannt werden, da Andeutungen von Reflexionsschwingungen sehr zahlreich sind, im Laufzeitprofil tritt sie jedoch deutlich durch zusammenhanglose Teile von Laufzeitkurven hervor.

Ab Grenzfläche I sind mehrere Reflexionselemente mit einer Neigungstendenz nach Nordwesten zu erkennen. Es wurden nur solche Schwingungen ausgewertet, die über mindestens drei Seismogramme zu korrelieren sind. Einzelne Reflexionen konnten bis zu 4 km Profilentfernung verfolgt werden.

In einer Teufe von 6 bis 9 km wechselt das Einfallen der Reflektoren; in den Seismogrammen (Abb. 4) zwischen den Reflexionen bei 2,3 und 3,05 Sekunden zu erkennen. Die Grenzfläche II trennt diese neue Zone von der mit entgegengesetzter Neigung im darüberliegenden Komplex. Das Einfallen nach Südosten hält bis in Tiefen von etwa 13 km an. Hier schließt sich (Grenzfläche III) ein Gebiet an, in dem die Reflexionselemente fast horizontal liegen und in größeren Tiefen, etwa ab 18 km, in einen Anstieg nach Südosten übergehen.

Die Zahl der beobachteten Reflexionen nimmt mit wachsender Tiefe ab. Dies ist vor allem dadurch bedingt, daß diese „Tiefenreflexionen“ durch Zufall bei Routinearbeiten gefunden wurden und daher nicht sämtliche Seismogramme bis zu der erforderlichen Laufzeit registriert wurden. Eine statistische Auswertung, wie sie von Dohr (1957) vorgenommen wurde, ist deshalb nicht möglich.

Die Realität der beobachteten Reflexionen könnte mit dem Hinweis angezweifelt werden, daß Mehrfachreflexionen das Auftreten tieferer Reflexionen vortäuschen. Das Tiefenprofil zeigt jedoch, daß weder in der Laufzeit noch in der Neigung der Reflexionselemente ein Zusammenhang besteht. Während die Horizonte des Zechsteins, der vor allem für die Erzeugung mehrfacher Reflexionen in Betracht kommt, fast horizontal lagern, zeigen die tieferen Reflexionen mehr oder weniger starke Neigungen, die außerdem noch in der Tendenz wechseln.

Eine Deutung der Tiefenreflexionen ist beim jetzigen Stand der Erforschung des tieferen Untergrundes im

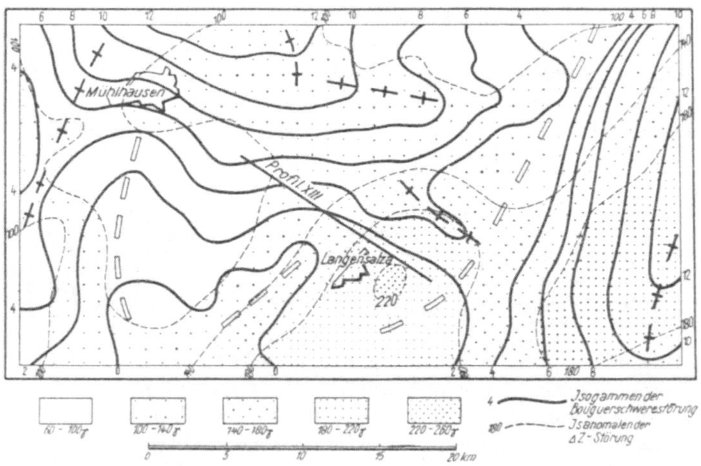

Abb. 3. Lage des Profils und Ergebnisse der gravimetrischen und magnetischen Regionalaufnahme. Gravimetrie nach Messungen des VEB Geophysik, Magnetik nach Zwerger (1934)

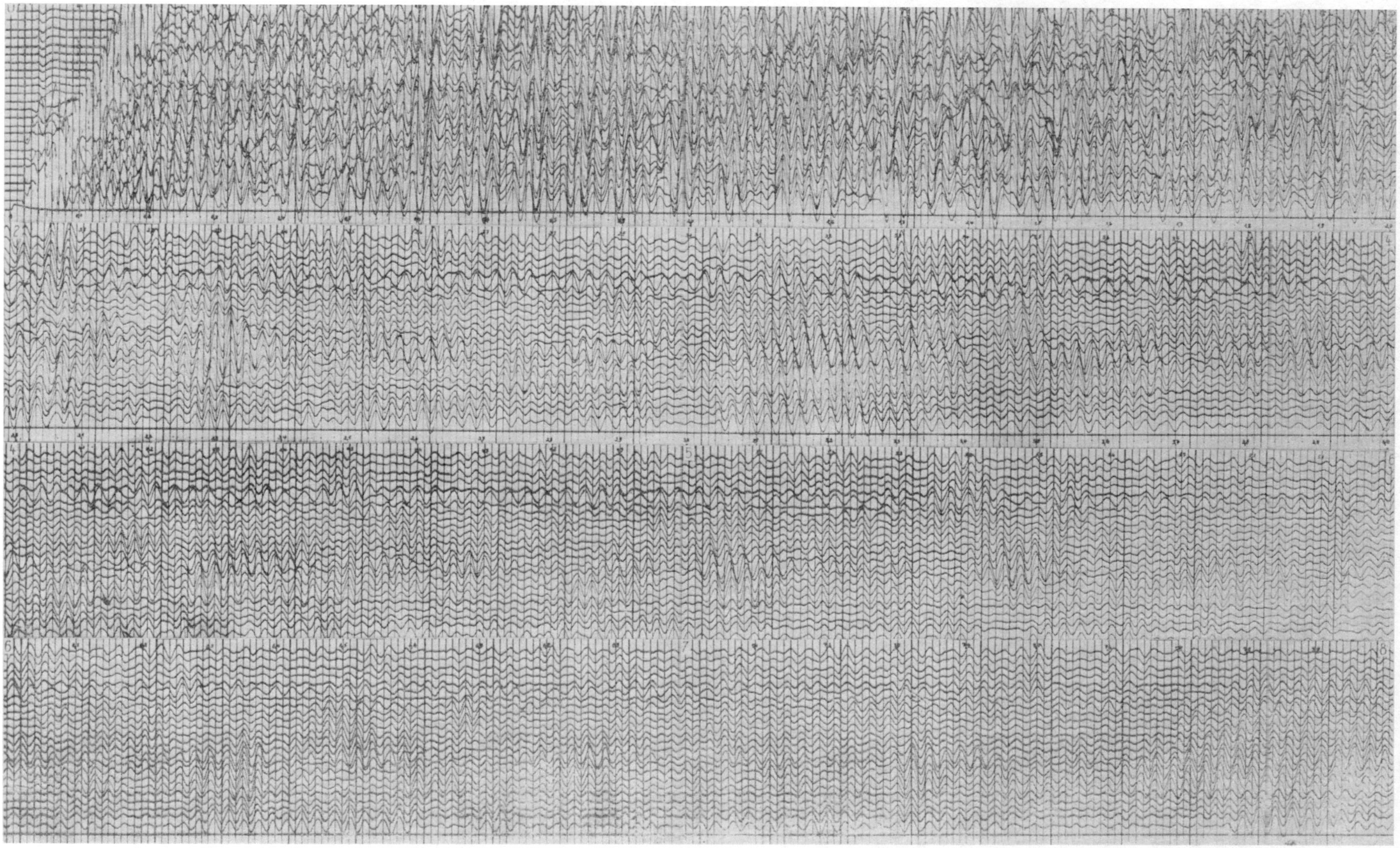

Abb. 4. Seismogramm mit registrierten Tiefenreflexionen

Thüringer Becken kaum möglich. Es liegen weder aus Großsprengungen noch aus Nahbeben oder Gebirgsschlägen refraktionsseismische Ergebnisse vor. Da keine direkten Schichtgrenzen erfaßt wurden, sondern Zonen unterschiedlicher Neigungstendenz, ist auch ein laufzeitmäßiger Vergleich mit den reflexionsseismischen Ergebnissen in West- und Süddeutschland nicht möglich. Den einzigen Anhaltspunkt bieten die gravimetrischen und magnetischen Regionalaufnahmen. In Abb. 3 sind die Isogammen der BOUGUER-Schwerestörung und die Isanomalen der ΔZ-Störung in der weiteren Umgebung des seismischen Profils dargestellt. Die Schwerewerte zeigen im Osten eine rheinisch streichende Plusachse sowie einen Anstieg der Störwerte nach Norden und Westen. Das Profil kreuzt keine größere Anomalie, im Ostteil verläuft es parallel zu den Isogammen. Aufschlußreicher erscheinen die magnetischen Störwerte. Das Profil verläuft etwa senkrecht zur Anomalie von Langensalza, die einen Teil der zentralthüringischen Anomalie darstellt. Diese rheinisch bis erzgebirgisch streichende Zone höherer Störwerte verbindet das Ruhlaer Kristallin mit dem Kyffhäuser und stellt eine Abbildung der Spessart—Unterharz-Schwelle dar.

Für die Interpretation der Tiefenreflexionen ergeben sich drei Möglichkeiten:

1. Der Horizont K (?) entspricht der Oberkante des Kristallin. Dieses besitzt eine relativ hohe Suszeptibilität, unterscheidet sich jedoch in der Dichte sehr wenig vom Paläozoikum [Schichtpaket zwischen Z und K (?)].

2. Zwischen den Grenzflächen I und II erreichen von Nordwesten nach Südosten zu Gesteine höherer Suszeptibilität geringere Teufen. Dichteunterschiede können sich dabei in ihrer Auswirkung auf das Schwerebild kompensieren.

3. Der Komplex zwischen den Grenzflächen I und II wird nach Südosten zu mächtiger. Diese Gesteine besitzen eine höhere Suszeptibilität als die über der Grenzfläche I und die unter II.

Die erste und zweite Deutungsmöglichkeit sind am wahrscheinlichsten, da das Zentrum der magnetischen Anomalie überquert wird, gleichzeitig der Horizont K (?) vom Anstieg in die horizontale Richtung übergeht und auch die Neigungen der Reflexionselemente unterhalb der Grenzfläche I abnehmen. Unter Berücksichtigung der Neigungen im Südostteil des Profils liegt der Schluß nahe, daß die magnetische Störung in erster Linie durch Gesteine zwischen K (?) und Grenzfläche I hervorgerufen wird.

Die tieferen Gesteinskomplexe können nicht durch die ΔZ-Störungen gedeutet werden. Ebenso ist keine Analogie zu den in West- und Süddeutschland durch Refraktionsmessungen und einzelne Reflexionsergebnisse bestimmten Diskontinuitäten in dieser Tiefe vorhanden. Von einer willkürlichen Interpretation wird deshalb abgesehen. Jedoch taucht hier die Frage auf, welche Veränderungen der physikalischen Gesteinskonstanten Reflexionen hervorrufen, die in ihrer Profildarstellung den Meßergebnissen von sedimentären Schichten ähnlich sind. Größere Geschwindigkeitssprünge sind nur an den FÖRTSCH-, CONRAD- und MOHOROVIČIĆ-Diskontinuitäten bekannt. Es muß deshalb angenommen werden, daß die Reflexionskoeffizienten in großen Tiefen weniger von der Geschwindigkeit, sondern mehr von der Dichte der Gesteine beeinflußt werden. Eine Bestätigung dieser Annahme geben reflexionsseismische Messungen in Montana, USA (WIDESS & TAYLOR 1959), bei denen aus dem Kristallin brauchbare Reflexionen empfangen wurden und die mit Bohrergebnissen und Bohrlochmessungen verglichen werden konnten. Es zeigte sich, daß an den Grenzen saurer und basischer Gesteine (Porphyrit, Rhyolit-Diabas, Gabbro, Basalt) Reflexionen auf Grund von Dichteänderungen erzeugt werden. Die Schichtgeschwindigkeiten dagegen blieben praktisch konstant. Ob diese Verhältnisse auch für die hier vorgelegten Meßergebnisse zutreffen, muß offenbleiben, die Möglichkeit soll jedoch in Betracht gezogen werden.

Zusammenfassung

Es werden Ergebnisse eines reflexionsseismischen Profils im Zentrum des Thüringer Beckens vorgelegt, in dem Reflexionen bis zu 8 Sekunden Laufzeit erfaßt werden konnten. An einem Seismogramm wird das registrierte Schwingungsbild erläutert. Außerdem werden ein Deutungsversuch auf Grund der gravimetrischen und magnetischen Regionalaufnahme sowie die Möglichkeiten der Entstehung tiefer Reflexionen diskutiert.

Резюме

Представляются результаты измерения методом отраженных волн разреза в центре Тюрингенского бассейна, где регистрировались отражения с временем пробега до 8 секунд. На сейсмограмме объясняется регистрированная картина колебаний. Кроме того, обсуждается опыт интерпретации на основе гравиметрической и магнитометрической региональной съемки и освещаются возможности возникновения глубинных отражений.

Summary

The results of a seismic reflection profile in the centre of the Thuringian Basin are presented, in which reflections covering a travel time up to 8 seconds could be detected. A seismogram is presented to explain the recording character. Based on the gravimetric and magnetic regional record an attempt of interpretation as well as the possibilities of the formation of deep reflections are also discussed.

Literatur

CLOSS, H.: Über Erfahrungen mit Sprengungen zur Untersuchung der höheren Teile der Erdkruste in Deutschland. — Ann. Geof., **12**, 3, S. 257—271 (1959).

DOHR, G.: Ein Beitrag der Reflexionsseismik zur Erforschung des tieferen Untergrundes. — Geol. Rdsch., **46**, 1, S. 17—26 (1957).

— Über die Beobachtungen von Reflexionen aus dem tieferen Untergrunde im Rahmen routinemäßiger reflexionsseismischer Messungen. — Z. Geophysik, **25**, 6, S. 280—300 (1959).

GÁLFI, J. & L. STEGENA: Szeizmikus reflexiós méréssel meghatározott néhány adat a földkéreg magyarországi részéről. — Geofiz. Közlem., **6**. 1—2, S. 53—60 (1957).

JUNGER, A.: Deep-Basement Reflections in Big Horn County, Montana. Geophysics, **16**, S. 499—505 (1951).

REICH, H.: Über seismische Beobachtungen der PRAKLA von Reflexionen aus großen Tiefen bei den großen Steinbruch-Sprengungen in Blaubeuren am 4. März und am 10. Mai 1952. — Geol. Jb., **68**, S. 225—240 (1954).

REICHENBACH, R. & G. SCHMIDT: Results of Surface Reflection Seismic Measurements in the Siderite District of the Siegerland. — Geophys. Prosp., **7**, 3, S. 287—290 (1959).

SCHULZ, G.: Reflexionen aus dem kristallinen Untergrund im Gebiet des Pfälzer Berglandes. — Z. Geophysik, **23**, 5, S. 225—235 (1957).

TWALTWADSE, G.: Strojenije Semnoi Koru Werchmj Kartli. — Sovbschtschennija Akad. Nauk Grusinkoi SSR, **11**, 8, S. 479—482 (1950).

WIDES, M. B. & G. L. TAYLOR: Seismic reflections from layering within the precambrian basement complex, Oklahoma. — Geophysics, **24**, 3, S. 417 bis 425 (1959).

ZWERGER, R. v.: Tektonik, Anomalien des Erdmagnetismus und Erdölhöffigkeit in Mitteldeutschland. — Kali, verwandte Salze und Erdöl, H. 5—9, 1934.

Die Herkunft der Erzsubstanz bei der endogenen Lagerstättenbildung[1)]

A. I. TUGARINOW & A. W. SMEJENKOWA, Moskau

Das Problem der Herkunft der Erzsubstanz ist bis heute noch nicht gelöst. Gegenwärtig bestehen folgende Ansichten:

1. Die Erzbildung ist eine gesonderte Abschlußetappe im magmatischen Zyklus, der durch die Entwicklung eines einheitlichen tiefen Herdes verursacht wurde. Er erzeugte sowohl magmatische Derivate als auch juvenile erzführende Lösungen (J. A. BILIBIN 1950, A. G. BETECHTIN, A. W. KOROLJOW).

2. Die Lagerstätten des Skarn- und des telethermalen Typs gehören zu den ursprünglichen sedimentären Bildungen. Die Morphologie und Mineralzusammensetzung dieser Lagerstätten wurden durch die Regional- und Kontaktmetamorphose wesentlich verändert (M. M. KONSTANTINOW, P. S. SAAKJAN).

3. Die endogenen Erzlagerstätten hängen mit der magmatischen Tätigkeit zusammen. Der Charakter dieser Lagerstätten hängt jedoch vom assimilierten Nebengestein ab, das die Erz„spezialisierung" bestimmte (C. M. ABDULLAJEW 1950).

Gleichzeitig bemerkt man eine Rückkehr zu alten Vorstellungen, die von der Mehrheit der Lagerstättenkundler abgelehnt werden. Nach diesen alten Vorstellungen sollen sich die Erzgänge durch Zufuhr von Erzkomponenten aus den umgebenden Gesteinen gebildet haben — Lateralsekretionstheorie.

Nach dieser von BISCHOFF (1863) aufgestellten Theorie, der sich später F. SANDBERGER (1880) anschloß, können die Erzkörper durch Zufuhr disperser Erzkomponenten aus den Nebengesteinen entstehen. Der Transport erfolgte dabei durch Oberflächenwässer, wie BISCHOFF und FORGAMMER schlußfolgerten. Sie stellten nämlich bei ihren Löslichkeitsuntersuchungen fest, daß fast alle gesteinsbildenden Mineralien bei Anwesenheit von Kochsalz und Kohlensäure löslich sind. Die Untersuchungen ergaben, daß gleichzeitig die in den Mineralien enthaltenen Spurenelemente in Lösung gingen. F. SANDBERGER versuchte sogar zu beweisen, daß z. B. das Barium, das zur Bildung des Gangbaryts notwendig ist, dem Orthoklas der granitischen Nebengesteine entstammt, die Schwermetalle den Glimmern usw.

Auf Grund dieser ersten Versuche rückten die Metallquellen der Lagerstätten aus unerforschter Tiefe in Gesteine, die der unmittelbaren Untersuchung zugänglich waren. Diese Anschauung wurde nach den Untersuchungen von A. W. STELZNER in den Biotitgneisen von Přibram, die F. SANDBERGER als hypothetische Quelle der dortigen Erze betrachtete, verworfen. A. W. STELZNER (1889) begründete seine Kritik damit, daß die von ihm untersuchten monomineralischen Fraktionen des Biotits und anderer Silikate der Gneise keine metallischen Komponenten enthielten. Außerdem erklärt die Lateralsekretionstheorie, wie er richtig bemerkt, nicht die unterschiedliche Zusammensetzung der Erzkörper.

A. W. STELZNER unterliefen jedoch bei seinen Mineraluntersuchungen einige methodische Fehler. So unterzog er z. B. jede von ihm gesammelte Mineralprobe einer Behandlung mit Brom, um die „metallischen Teilchen" zu entfernen, die er mitunter fand, er beachtete aber nicht, daß die Proben aus allen Einflußbereichen der Erzgänge stammten. Berücksichtigt man, daß in den gesteinsbildenden Mineralien die Erzkomponenten sehr verschieden auftreten und daß sie oft in Form selbständiger Verbindungen (Zinnstein im Biotit usw.) vorhanden sind, dann zeigt sich, daß seine methodischen Verfahren unzulässig waren.

Die ersten primitiven Vorstellungen der Anhänger der Lateralsekretionstheorie erwiesen sich somit als unhaltbar. Die nicht unwichtige Frage nach der Möglichkeit der Wegführung von Erzkomponenten aus dem Nebengestein durch juvenile Lösungen bildet jedoch den rationellen Kern dieser Hypothese, der von vielen Forschern wieder aufgenommen wurde.

Der gegenwärtige Stand der Pb-Isotopenuntersuchung an Erzlagerstätten und der mit ihnen zusammenhängenden magmatischen Gesteine zeigt, daß zwischen den intrusiven Gesteinen und ihren späteren Umlagerungsprodukten in Form von Erzlagerstätten eine weitgehende Stoffkontinuität besteht. Diese Umlagerung geht ohne sichtbare Beteiligung von juvenilen Stoffen vor sich. Zu dieser Frage nahmen in letzter Zeit auch bekannte Forscher, z. B. A. HOLMES (1957), Stellung. A. HOLMES trennt sich vollständig von seinen früheren Vorstellungen über subkrustale Herde erzführender Lösungen. Die Pb-Isotopen der Bleiglanze von Erzlagerstätten entsprechen tatsächlich der theoretischen mittleren Pb-Isotopenzusammensetzung der Erdkruste zur Bildungszeit der entsprechenden Lagerstätten. In einigen Fällen kann sie durch die Anreicherung von radiogenen Pb-Isotopen stark abweichen, worauf die erhöhten Gehalte an Uran, Thorium und radiogenem Blei in magmatischen und sedimentär-metamorphen Gesteinen hinweisen.

Nur in Einzelfällen beobachtet man erhöhte Mengen Erzblei in Bereichen radiogenen Bleis. Es ist offensichtlich, daß wir beim Eindringen von juvenilem Blei in die Erdkruste mit Lagerstätten rechnen müssen, die sich durch sehr niedrige Gehalte an radiogenen Isotopen und ähnlichen, z. B. Blei der Basalte, auszeichnen. Eine einzige Ausnahme tritt jedoch auf. In der Lagerstätte Tetjuche zeigt das Erzblei sehr nahe Beziehungen zu der Pb-Isotopenzusammensetzung der Andesit-Basalte der Klutschewsker Sopka. Stark anomales Blei ist in anderen Pb-Lagerstätten, in Bereichen, in denen radiogene Isotope fehlen, trotz zahlreicher Bestimmungen, fast nicht gefunden worden (A. P. WINOGRADOW 1955). Untersuchungen der Pb-Isotopenzusammensetzung in Erzen und in den mit ihnen genetisch zusammenhängenden magmatischen Gesteinen wurden erstmalig von A. P. WINOGRADOW und S. I. SYKOW durchgeführt. In der UdSSR wurden diese Arbeiten von den Mitarbeitern des WSEGEI, N. M. GOLUBTSCHINA &

[1)] Aus: Sowjetskaja Geologija, Nr. 4, 1960, S. 66–78, gekürzt. — Übers.: W. BEYER.

A. W. RABINOWITSCH (1956), in den USA von G. R. TILTON, C. PATTERSON, E. LARSEN & M. INGHREM (1955) erfolgreich weiterentwickelt.

Das Erzblei sowie die anderen sich in den Lagerstätten konzentrierenden Metalle sind Produkte einer lang dauernden Evolution der Stoffe der Erdkruste, die teilweise von den U-, Th- und Pb-Verhältnissen der magmatischen Herde abhängt.

Die folgenden Beispiele weisen nicht nur auf eine Möglichkeit der Erklärung der genetischen Zusammenhänge von magmatischen Gesteinen und Erzkörpern hin, sondern auch auf die Berechnung der Pb-Mengen, die bei der Erzbildung aus dem Nebengestein aufgenommen wurden, und auf die Bestimmung der Th/U-Verhältnisse in diesen Gesteinen.

Die Untersuchung der Pb-Isotope im Gebiet von Ontario (Kanada) ergab, daß zwei unterschiedliche Pb-Gruppen auftreten. Die eine Gruppe (beständige Isotopenzusammensetzung), der sogenannte Keewatin-Typ, hängt mit archäischen Gesteinen zusammen. Sie haben ein absolutes Alter von annähernd 2 Mrd. Jahren. Die zweite Gruppe aus dem Gebiet Sander-Bay am Oberen See zeichnet sich durch eine sehr heterogene und anomale Isotopenzusammensetzung aus. Sie gehört zu einem kleineren Bleiglanzvorkommen, das an eine Verwerfungszone gebunden ist. Diese Verwerfungszone durchsetzt die Keewatin-Schichten. Den Bleibestand dieser zweiten Gruppe kann man als eine Mischung zweier Pb-Arten betrachten: Blei vom Keewatin-Typ und wahrscheinlich reines radiogenes Blei. Letzteres ist durch das Verhältnis $\frac{Pb^{207}}{Pb^{206}} = 0{,}185$ und $\frac{Pb^{208}}{Pb^{206}} = 0{,}37$ charakterisiert.

Das Alter der Nebengesteine, denen das Blei entnommen wurde, kann man mit der Formel berechnen, mit der die Anhäufung radiogener Komponenten im Zeitintervall $t_1 - t_2$ bestimmt wird.

$$\frac{Pb^{207}}{Pb^{206}} = \frac{1}{137{,}8} \cdot \frac{e^{\lambda_1 t_1} - e^{\lambda_1 t_2}}{e^{2 t_1} - e^{2 t_2}} \quad \lambda_1 = \text{beständiger Zerfall}$$

U^{235} und λU^{238}. Nimmt man an, daß die Mineralisation gegenwärtig entstand, d. h. daß $t_2 = 0$ ist, so beträgt das Alter der Nebengesteine 2740 Mill. Jahre. Entstand die Mineralisation von Sander-Bay ungefähr gleichzeitig mit den Nebengesteinen, d. h. $t_1 - t_2$, so liegt das Alter der Nebengesteine ungefähr bei 1730 Mill. Jahren. Mit anderen Worten, das Alter der Nebengesteine kann zwischen 2740 und 1730 Mill. Jahren variieren. Nach der mittleren Größe des Verhältnisses $\frac{Pb^{208}}{Pb^{206}} = 0{,}37$ kann das Th/U-Verhältnis in diesen Gesteinen ungefähr 1,4 betragen (zweimal weniger als gewöhnlich). Die Bearbeiter nehmen an, daß aus den Nebengesteinen jenes Blei gelöst und weggeführt wurde, das sich durch den radioaktiven Zerfall von Uran und Thorium bildete und in den Zwischenräumen der gesteins-

Tab. 1. Isotopenzusammensetzung des Bleis in der Lagerstätte vom Keewatin-Typ und im Erzvorkommen von Sander-Bay

Lagerstättentyp	Isotopenverhältnisse			Gehalte an radiogenem Blei (aus Gestein entnommen), in %
	$\frac{Pb^{206}}{Pb^{204}}$	$\frac{Pb^{207}}{Pb^{204}}$	$\frac{Pb^{208}}{Pb^{204}}$	
Keewatin (nach den Ergebnissen von 5 Lagerstätten)	13,58 ± 0,2	14,64 ± 0,1	33,31 ± 0,1	0
Erzvorkommen Sander-Bay:				
Thorion Mine	18,19	15,81	37,78	14
Oson Mine (2)	18,32	15,98	37,14	13
Thorion Mine (2)	18,55	15,95	37,82	15
Ogema	20,72	16,40	38,28	19
Silver-Mountain	30,05	18,26	41,17	30
Hilma Lake	30,65	18,10	41,45	31
Pearl Staken	30,71	18,21	41,23	32
Karibu Mine	33,88	18,69	43,98	37

Tab. 2. Isotopenzusammensetzung des Bleis verschiedener Erzgenerationen aus der Lagerstätte Broken-Hill in Australien

Erztyp	Isotopenverhältnisse			Gehalt an radiogenem Blei (aus Gestein entnommen), in %
	$\frac{Pb^{206}}{Pb^{204}}$	$\frac{Pb^{207}}{Pb^{204}}$	$\frac{Pb^{208}}{Pb^{204}}$	
Hauptgang (Mittel aus 6 Bestimmungen)	16,11 ± 0,5	15,56 ± 0,06	35,86 ± 0,09	0
Erzvorkommen vom Typ Hauptgang (Mittel aus 7 Bestimmungen)	16,18 ± 0,06	16,61 ± 0,05	35,92 ± 0,1	0
Erzvorkommen vom Typ Takaringa (8 Proben)				
721	17,91	15,81	38,60	6,5
722	19,48	15,91	39,41	9,6
723	18,06	15,83	38,94	7,0
724	18,09	15,83	38,94	7,0
725	17,91	15,78	38,79	7,0
726	18,07	15,88	39,97	7,6
727	17,42	15,65	38,12	5,0
911a	17,37	15,78	38,32	5,0

bildenden Mineralien dispers verteilt war. Die Existenz von Uran in disperser oder nicht silikatischer Form war schon früher in der UdSSR von L. W. TAUSON (1956) beschrieben worden.

Die Pb-Isotopen von Sander-Bay bestehen, wie Tab. 1 zeigt, aus 14% und in einzelnen Fällen bis 36% aus reinem radiogenem Blei. Dieses bildete sich in den umgebenden Gesteinen und wurde von den erzführenden Lösungen bei ihrer hypothetischen Durchsickerung aus diesen Gesteinen mit erfaßt.

Die Lagerstätte Broken-Hill in Australien (R. D. RUSSEL & R. M. FARQUAR 1957) ist ebenfalls durch das Vorhandensein zweier verschiedenaltriger Erzgenerationen unterschiedlicher Isotopenzusammensetzung gekennzeichnet. Die spätere Erzgeneration nimmt, wie im vorhergehenden Beispiel, ein höheres Strukturstockwerk ein. Es ist offensichtlich, daß zusätzliche Mengen von radiogenem Blei aus den Nebengesteinen aufgenommen wurden. Diese spätere Erzgeneration führt außerdem einige seltene Spurenelemente (Bi, Sn, Cd, Sb u. a.).

Auf der Lagerstätte werden drei Typen von Pb-Erzvorkommen unterschieden: 1) Hauptgang Broken-Hill, 2) Erzvorkommen vom Typ Broken-Hill und 3) das Erzvorkommen von Takaringa. Bei den ersten beiden Typen handelt es sich um in Granatsandsteinen und Quarziten liegende Erzgänge von linsenartigen Formen. Die Erzgänge und die Nebengesteine sind metamorph überprägt. Sie liegen in einem tieferen Horizont granitisierter Gneise. Das Erzvorkommen des dritten Types besteht aus geringmächtigen Trümern, die sich unter oberflächennahen Bedingungen in granitisierten Gneisen bildeten. Die Erze liegen in einem höheren tektonischen Horizont.

Wie Tab. 2 zeigt, besitzen diese Trümer im Vergleich zum Hauptlager eine unterschiedliche Pb-Isotopenzusammensetzung. Das Blei von Takaringa kann man als Mischung zweier Pb-Varietäten betrachten. Es kommt einmal normales Blei vom Typ Broken-Hill vor, das eine ausgezeichnete Beständigkeit des Isotopenbestandes aufweist. Das Alter beträgt ungefähr 1500 Mill. Jahre. Zum anderen ist radiogenes Blei vorhanden, das durch das Verhältnis $\frac{Pb^{207}}{Pb^{206}} = 0{,}110 \pm 0{,}015$ und einen variierenden Wert des Verhältnisses $\frac{Pb^{208}}{Pb^{206}} = 1{,}0 - 1{,}9$ charakterisiert ist. Die Gesteine, aus denen das radiogene Blei stammt, können sicherlich nicht älter als 1830 Mill. Jahre und das Erzvorkommen von Takaringa nicht jünger als 1020 Mill. Jahre sein.

Der Unterschied im Verhältnis $\frac{Pb^{208}}{Pb^{206}}$ beruht darauf, daß sich das radiogene Blei lokal im Gestein bildete; denn die Nebengesteine weisen unterschiedliche U- und Th-Gehalte

Tab. 3. Verbreitung von Uran und Eisen in den Kalken des Dispersionshofes der Skarnlagerstätte Gawa

Gestein	Zahl der Analysen	Gehalte der Komponenten	
		Fe in Gew.-%	U in 10^{-4}-Gew.-%
Nichtveränderte oder schwach veränderte bituminöse Kalke, die 500m und mehr von den Skarnzonen und den Intrusivkontakten entfernt sind	9	0,38	3,4
Verquarzte, z. T. verskarnte Kalke	2	0,5	1,0
Dolomitisierte Marmore aus dem Granodioritkontakt	4	0,6	0,2
Hydrothermal veränderte, verquarzte Kalke	9	0,6	1,3
Intensiv rekristallisierte Marmore, unmittelbar an die Skarnzonen angrenzend	8	0,2	0,1

auf. Möglicherweise spielen nicht so sehr die absoluten Gehalte dieser Elemente die Hauptrolle, sondern die Mineralformen ihres Auftretens, die eine wechselhafte Fähigkeit zur Lösung und Wegführung der radioaktiven Zerfallsprodukte: Pb^{206}, Pb^{207} und Pb^{208} bedingen.

Bei der Isotopenuntersuchung der Pb-Lagerstätten Mittelasiens gelangten A. I. TUGARINOW & S. I. SYKOW (1957) zu ähnlichen Schlußfolgerungen: Sie stellten einen merklichen Unterschied der Pb-Isotopen zwischen Erzeinsprenglingen und schichtigen Erzlagern in Kalken und andererseits in Skarn- und Ganglagerstätten fest. Die vorhandenen Differenzen beweisen jedenfalls, daß während der Bildung der Gang- und Skarnlagerstätten Mittelasiens den prävariskischen Kalken Blei entnommen wurde. Das Lagerstättengebiet ist sowohl von einer intensiven Assimilation als auch Kontaktmetamorphose erfaßt worden.

Ähnliche Prozesse finden tatsächlich statt, wie unsere Beobachtungen über das Verhalten mancher Spurenelemente in skarnnahen Kalken bestätigen. Bei der Untersuchung der U- und Fe-Verbreitung in den Kalken der mittelasiatischen Skarnlagerstätte Gawa stellte man in unmittelbarer Nähe der Skarne einen Dispersionshof von Uran und Eisen fest. In der Kontaktzone der Intrusion erfolgte also nicht nur eine Rekristallisation der Kalke zu Marmor, sondern auch eine effektive Wegfuhr der im Erzfeld vorhandenen Komponenten (Tab. 3). Die U-Bestimmung wurde mit Hilfe der Lumineszenzmethode durchgeführt.

Die Umlagerung der Komponenten, besonders der in Spuren vorhandenen akzessorischen Elemente, bei der Metamorphose und regionalen Metasomatose größerer Tiefen verdient besondere Beachtung. Bei der Regionalmetamorphose und Metasomatose können wahrscheinlich die erzführenden Lösungen die meisten dispersen Erzkomponenten aufnehmen.

Die präkambrischen metamorphen Schichtpakete der Ukraine, die gegenwärtig stark erodiert an der Oberfläche auftreten, wurden regional- und kontaktmetamorph überprägt. Die Serie von Kriwoi Rog stellt ein metamorphes Schichtpaket unterschiedlicher lithologischer Zusammensetzung dar, das von synklinalen Falten meridionaler Erstreckungen durchsetzt wird und tief in die Gneise des kristallinen Fundamentes des Ukrainischen Schildes versenkt wurde (J. N. BELEWZEW u. a. 1957). Die Mächtigkeit wechselt innerhalb einiger 1000 m.

Nach den lithologischen Kennzeichen wird die Kriwoi-Rog-Serie in drei Schichtfolgen geteilt.

Die untere Schichtenfolge setzt sich hauptsächlich aus Arkosen und Phylliten zusammen, die mittlere aus wechsellagernden Horizonten von Eisenquarziten, Glimmer- und Amphibolschiefern und die obere Schichtenfolge aus Glimmerschiefer, Quarziten und Karbonatgesteinen. Das Auftreten einer sogenannten Querfaltung, die vom Eindringen einiger Intrusionen (1900—1800 Mill. Jahre) begleitet wurde, führte zu einer Migmatitisation der kristallinen Basis des Ukrainischen Schildes und einer metasomatischen Veränderung der Kriwoi-Rog-Serie. Die durch die Erosion angeschnittenen Gebiete der Schichten von Kriwoi Rog zeigen sehr verschiedene Stufen der Metamorphose.

Anhand der Übertageaufschlüsse und Bohrkerne beobachtet man einen Übergang von Magnetit-Siderit-Quarziten zu Eisenquarziten und weiter zu Ägiriniten. Auf analogem Wege stellt man eine metasomatische Umwandlung der Quarz-Chlorit-Glimmer-Mikroschiefer in Quarzglimmerschiefer fest, die dann in Albitite umgewandelt werden. Man muß hervorheben, daß in zahlreichen Fällen die Albitisierung schon am Anfang der Umwandlung der Mikroschiefer beginnt. Im letzten Stadium der Umbildung, bei der im wesentlichen nur noch monomineralische Gesteine auftreten — Ägirinite oder Albitite —, tritt eine intensive Na-Metasomatose auf.

Auf der Grundlage detaillierter petrographischer Untersuchungen wurde ein Schema der Gesteinsevolution von Kriwoi Rog aufgestellt (I. W. ALEXANDROW & A. W. SMEJENKOWA 1953). Nach diesem Schema entstanden die Gesteine im Verlaufe einer progressiven Metamorphose, die von einer Alkalimetasomatose abgelöst wurde.

Die Untersuchung der Pb- und U-Gehalte in verschiedenen Metasomatiten ergab eine klare Gesetzmäßigkeit der Neuverteilung dieser Komponenten während der Metamorphose. Sie beruht auf folgendem:

Bei der progressiven Metamorphose findet eine allgemeine Rekristallisation der Gesteine statt, die von einer merklichen Erhöhung des Si-Gehaltes begleitet wird. An Stelle von Chlorit und Hydroglimmer entstehen die stabileren Silikate Amphibol und Biotit. Mitunter tritt auch Albit auf. Die metamorphen Gesteine zeigen merkliche Unterschiede in den Pb- und U-Gehalten. Diese Unterschiede sind besonders in den Sericitmikroschiefern deutlich, in den umgewandelten Eisenquarziten und in den Chloritschiefern sind sie etwas verwischt. Die allgemeine Tendenz führt zu einer Senkung beider Komponenten. Die biotitführenden Gesteine zeichnen sich durch weitaus höhere Pb- und U-Gehalte aus als die anderen metamorphen Gesteine. Sie zeigen hohe K-Gehalte

Tab. 4. Gehalte an Spurenelementen in den metamorphen und metasomatischen Gesteinen der Ukraine (in 10^{-4}-Gew.-%)

Schwach metamorphe Ausgangsgesteine		Metamorphe Gesteine		Metasomatische Gesteine	
Uran	Blei	Uran	Blei	Uran	Blei
Magnetit-Siderit-Quarzite →		Glimmer-Amphibol-Magnetit-Quarzite →		Magnetit-Alkali-Amphibol-Gesteine, Ägirin-Karbonat-Gesteine	
0,23	4.2	1,0	13,2	1,2	23,4
Chlorit-Mikroschiefer →		Quarz-Magnetit-Amphibol-Schiefer →		Magnetit-Alkali-Amphibol-Schiefer	
0,5	4,5	0,7	5,2	2,5	13,3
Sericit-Quarzit-Mikroschiefer →		Quarz-Glimmer-Schiefer →		Chlorit-Glimmer-Albit-Schiefer, Albitite	
2,6	27,0	1,8	16,0	13,2	39,0
		→		Sekundäre Quarzite	
				0,5	4,8

→ Evolutionsrichtung der Gesteine bei der Metamorphose und der nachfolgenden Na-Metasomatose.

und eine enge Assoziation der akzessorischen Elemente mit Biotit. Dies weist darauf hin, daß die Migration von Uran und Blei in Zusammenhang mit der Umlagerung von K und Si erfolgte.

Besonders deutlich sind die metasomatischen Gesteine in Gebieten vorangegangener Metamorphose ausgebildet. Die Na-Metasomatose erfaßte vier Zonen der Kriwoi-Rog-Serie und ist vor allem im mittleren Teil der Schichtfolge entwickelt. Die Gebiete lokaler Na-Metasomatose zeigen eine genetische Reihenfolge. Einzelne Gesteinshorizonte weisen eine vollkommene Ägirinisierung und Albitisierung auf. Jedoch in anderen Horizonten der Eisenhornfelse und Schiefer bemerkt man nur ein sporadisches Auftreten grobkristallinen Ägirins. Diese Aufeinanderfolge betont auch den geringen zeitlichen Unterschied zwischen der Entstehung der metamorphen Gesteine von Kriwoi Rog (Glimmerschiefer) und der Na-Metasomatite (Albitite). Die absoluten Altersangaben (1800 ± 50 Mill. Jahre) nach der K-Ar-Methode bei Biotiten und Hydrobiotiten weichen nicht mehr als 100 Mill. Jahre voneinander ab, d. h., sie liegen innerhalb der Genauigkeitsgrenzen der Bestimmung.

Insgesamt wurden 60 Gesteinsproben analysiert. Die U-Bestimmung erfolgte nach der Methode von L. L. Leonowa (1956), die das Uran in Form von Phosphat erfaßt. Die Pb-Bestimmung wurde mit Dithizon bei vorangehender Extraktion der Hauptmasse des Eisens durchgeführt. Die Fe-Gehalte wechseln in den untersuchten Gesteinen zwischen 10—50%. Das Lösen des Eisens wurde mit dem radioaktiven Indikator RaD kontrolliert. Die Empfindlichkeit beider Bestimmungsarten beträgt 10^{-5} Gew.-%.

Den Prozeß der Metasomatose in Kriwoi Rog kann man in Fe-Mg-, Na- und Karbonat-Metasomatose gliedern. Viele Bearbeiter sind der Meinung, daß die Metasomatite das Resultat einer Einwirkung von Lösungen verschiedener Zusammensetzung und Entstehung auf die Nebengesteine sind (J. N. Belewzew u. a. 1957).

Die enge räumliche Verbreitung aller Metasomatite, die mit ihnen zusammenhängenden einheitlichen Strukturen, die Verbindung einzelner Typen von Metasomatiten mit primären Gesteinen und die Aufeinanderfolge ihrer Bildung zwingen dazu, die metasomatischen Gesteine als Ergebnis einer einheitlichen Alkali-Metasomatose zu betrachten. Mit dieser Definition soll der alkalische Charakter dieser Lösungen unterstrichen werden. Die Termini „Fe-Mg"- und „Karbonat-Metasomatose" sollten nur zur Bezeichnung der metasomatischen Gesteinsveränderung benutzt werden.

Diese Ansicht wird durch die vielfach beobachtete Verdrängung der Fe-Mg-Amphibole durch Amphibole der Rodussit-Crossit-Gruppe in den Eisenerzhorizonten bestätigt. Die Verdrängung zeugt auch von der gleichzeitigen Bildung der Eisenerz- und Na-Metasomatite. Die praktisch überall vorkommende Ägirinisierung und Riebeckitisierung um die Zonen der Karbonatmetasomatose und die Reihenfolge der Verdrängung der Mineralien weisen auf einen Zusammenhang der Na-Metasomatose mit der Karbonatmetasomatose hin.

Die vorhandene vertikale Zonalität — die Karbonatmetasomatose tritt in größeren Teufen auf als die Na-Metasomatose — unterstreicht die genetische Gemeinsamkeit dieser Bildungen. Sie wurden durch unterschiedliche Bildungsbedingungen hervorgerufen, zeigen aber durchaus keine Gleichaltrigkeit der metasomatischen Stadien.

Der Prozeß der Alkali-Metasomatose beginnt vor allem mit der Entfernung des freien Siliziums. Von Bedeutung ist dabei wahrscheinlich die Intensität des Einsickerns der Lösungen, die von der Durchlässigkeit der vorhandenen Strukturen (tektonische Zonen, Gesteinsschichten usw.) bestimmt wird.

Die Na-Metasomatose entwickelte sich auf Grund einer intensiven Faltendislokation. Die daraus resultierenden Mineralbildungen wurden durch das Auftreten jüngerer, erzbegleitender Strukturen mehrmals unterbrochen. Die frühen Metasomatite sind schichtartige, weit ausgedehnte Körper von konkordantem Charakter. Die späteren metasomatischen Körper zeigen dagegen mehr gangartige Formen und besitzen geringere Ausmaße. Die Mineralbildungen der metasomatischen Körper erfolgten entweder in den nach einer tektonischen Bewegung neu geöffneten Strukturen oder an den Flanken der früher gebildeten metasomatischen Körper, die sich durch eine weit geringere Porosität und Durchlässigkeit als die Ausgangsgesteine auszeichnen.

Die Alkali-Metasomatose ging in den lithologisch unterschiedlich ausgebildeten Gesteinen folgendermaßen vor sich:

In den Eisenquarziten wurden durch Lösen des überschüssigen Siliziums auch die Amphibole bei gleichzeitiger Bildung von Magnetit auf Kosten der freigewordenen Eisenoxyde umgewandelt. In einem bestimmten Stadium der Wegführung von Silizium bildete sich Ägirin. Nach den experimentellen Untersuchungen von F. W. Stromjatnikow und I. P. Iwanowa entstand Ägirin nur bei bestimmten Verhältnissen von Quarz zu Magnetit oder Cummingtonit und bei Anwesenheit von freiem Sauerstoff.

Die während der weiteren metasomatischen Entwicklung auftretende Bildung von Karbonat-Hämatit-Gängen zeugt davon, daß die Metasomatose unter oberflächennahen Bedingungen (niedriger Druck, bedeutende Rolle des freien Sauerstoffes usw.) erfolgte.

In den Quarz-Magnetit-Amphibol-Schiefern verlief die Metasomatose fast analog. Sie wird oft jäh bei der Zersetzung der Amphibole vom Grünerit-Cummingtonit-Typ abgebrochen. Monomineralische Gesteine vom Typ der Ägirinite bildeten sich seltener. Charakteristisch sind die in den Ägiriniten und Alkali-Amphibol-Metasomatiten im Vergleich zu den Ausgangsgesteinen auftretenden höheren Pb- und U-Gehalte. Die Na-Metasomatite dieses Typs zeigen besonders deutlich den engen Zusammenhang mit der Karbonat-Metasomatose. Die Na-Metasomatite in Form riebeckitisierter und rodussitisierter Gesteine bilden breite Höfe um die Karbonatkörper. Die Karbonat-Metasomatose zeigt sich in einer Umwandlung der Rodussit-Magnetit- und Ägirin-Magnetit-Körper in Karbonat-Magnetit-Körper als Ergebnis der selektiven Verdrängung der Amphibole durch Dolomite.

In den Glimmerschiefern beginnt die Metasomatose ebenfalls mit einer merklichen Wegführung von Silizium. Anschließend wird der Biotit in Chlorit umgewandelt. Den Abschluß des Metasomatoseprozesses bildet eine intensive Albitisierung aller Gesteine. Der U-Gehalt liegt in den Albititen gegenüber den primären Glimmerschiefern um das 6fache und der Pb-Gehalt um das 2,5fache höher.

Aus dem bisher Gesagten kann man folgern, daß das bei der Na-Metasomatose sich akkumulierende Uran und Blei nicht in die Kristallgitter der neugebildeten Mineralien eintritt. In drei untersuchten Fällen, in denen das doch der Fall war, konnte man große Unterschiede beobachten. Den einzigen parallel verlaufenden Prozeß zeigt Natrium, das in die Hauptmineralien der Metasomatite eingeht, und die Kohlensäure, die in Form von Karbonaten in die Metasomatite gelangt. Die Na-Konzentration wächst dabei im Vergleich zu den Ausgangsgesteinen sehr stark an. Die Hauptursache für die Erhöhung der Pb- und U-Gehalte ist die intensive Einwirkung von Alkalikarbonatlösungen auf die Ausgangsgesteine. Sie bewirken in bestimmten Bereichen eine Auflösung der in Spuren vorhandenen Komponenten, ihren Transport und ihre nachfolgende Ablagerung bei günstigen Bedingungen. Gleichzeitig bilden sich auch die Metasomatite. Möglicherweise kann man ihre Entstehung mit der Zerstörung der Alkali-Karbonat-Komplexe beim Kationenaustausch mit den Gesteinen erklären. Der Kationenaustausch hat eine Senkung der Na-Gehalte der Lösung zur Folge und führt zur Bildung von Na-Alumosilikaten. In den Gebieten der Na-Metasomatose beobachtet man auch sekundäre Quarzite. In ihnen sind die Gehalte an dispersen Erzkomponenten bedeutend niedriger als in den primären Gesteinen. Die sekundären Quarzite stellen demnach „Rest"-Bildungen der Zone verstärkter Auslaugung dar und haben ihren ursprünglichen „Vorrat" an Spurenerzelementen durch die metasomatische Überprägung verloren.

Einen direkten Beweis für das Eintreten der Spurenelemente in die erzführenden Lösungen liefert die Untersuchung der Isotopenzusammensetzung des Bleiglanzes von Quarzgängen dieses Gebietes und des Spurenbleis der Schiefer der oberen Schichtenfolge. Das Pb-Isotopenverhältnis der Bleiglanze war:

$$\frac{Pb^{206}}{Pb^{204}} = \frac{Pb^{207}}{Pb^{204}} = \frac{Pb^{208}}{Pb^{204}} = 15{,}33:15{,}21:34{,}67$$

und in den Schiefern entsprechend: 18,20:15,28:36,72 (A. I. Tugarinow, L. K. Gawrilowa & N. M. Golubtschina 1959).

Die Unterschiede in der Isotopenzusammensetzung erklären sich in erster Linie durch den Zuwachs an radiogenen Pb-Isotopen, die auf die U- und Th-Gehalte der Schiefer zurückzuführen sind (Pb-, U- und Th-Gehalte der Schiefer in 10^{-4}-Gew.-% sind: 27,5—2,7—7,6). Unter Berücksichtigung des Zuwachses an radiogenen Pb-Isotopen ist die Pb-Isotopenzusammensetzung im Moment der Erzbildung (1900 Mill. Jahre) und der Metasomatose:

$$\frac{Pb^{206}}{Pb^{204}} = \frac{Pb^{207}}{Pb^{204}} = \frac{Pb^{208}}{Pb^{204}} = 16{,}1:15{,}04:34{,}93$$

Diese Werte liegen innerhalb der Fehlergrenze des Versuches. Es zeigt sich also eine überraschende Identität mit der Isotopenzusammensetzung des Bleiglanzes.

In früheren Arbeiten (E. E. Wainstein u. a. 1958, A. I. Tugarinow u. a. 1956) war bereits darauf hingewiesen worden, daß bei diesen metasomatischen Veränderungen der Gesteine eine analoge Umlagerung bei Zirkonium, Hafnium und den Seltenen Erden erfolgt. Diese Umgruppierung der Spurenelemente führt (z. B. bei Zirkonium) zur Konzentration in den Metasomatiten. Das Verhältnis $ZrO_2:HfO_2$ wächst in den Metasomatiten auf 120 an Stelle von 20—40 in den primären Gesteinen.

Zusammenfassung

Verf. legen dar, daß — wie bereits vor fast hundert Jahren angenommen — die Spuren- und dispers verteilten Elemente in den Gesteinen als mögliche Erzquelle der endogenen Lagerstätten anzusehen sind. Im Verlaufe langandauernder und tiefliegender metamorpher Prozesse, die sich in einem völligen Umbau des Mineralbestandes unter der Einwirkung von Tiefenlösungen (Bildung der Metasomatite) äußern, lagern sich die Spurenelemente und damit auch ihre Konzentrationen um.

Резюме

Авторы излагают, что элементы, встречающиеся в виде следов и в рассеянной форме в породах, надо рассматривать в качестве возможного рудного источника эндогенных месторождений; эта точка зрения существует уже более 100 лет. В течение продолжительных и глубинных процессов метаморфизма, проявляющихся в полном новораспределении минерального состава под влиянием глубинных растворов (образование метасоматитов), происходит переотложение рассеянных элементов и тем самым наблюдается и изменение их концентраций.

Summary

The authors show that trace and dispersedly distributed elements in the rocks, as was already supposed almost hundred years ago, must be regarded as a potential source of ores in endogenic deposits. In the course of long-drawn and deep-seated metamorphic processes which, under the influence of solutions in the depth (formation of metasomatites), manifest themselves in a complete reshuffling of the mineral constituents, a rearrangement takes place of the trace elements and, consequently, also of their concentrations.

Literatur

Abdullajew, C. M.: Der genetische Zusammenhang zwischen postmagmatischer Vererzung und Intrusionen. — Isd. AN Usbek. SSR, 1950.

Alexandrow, I. W. & A. W. Smejenkowa: Die Evolution der Gesteine bei der progressiven Metamorphose. — Geochimija, 1, (1953).

Belewzew, J. N. u. a.: Der geologische Aufbau und die Eisenerze von Kriwoi Rog. — Gosgeoltechisdat 1957.

Bilibin, J. A.: Die Metallogenie der beweglichen Zonen der Erdkruste. — WSEGEI, 1950.

Bischoff: Lehrbuch der chemischen und physikalischen Geologie. — 1863.

Bogdanowitsch, K. I.: Erzlagerstättenkunde. — Petersburg 1903.

Farquar, R. M. & R. D. Russel: Anomalous leads from the Upper Great Lake of Ontario. — Trans. Am. Geophys. Un., 38, Nr. 4 (1957).

Holmes, A.: The age of the earth. — 1957.

Leonowa, L. L.: Die Lumineszenzmethode zur Bestimmung kleiner Uranmengen in Intrusivgesteinen. — Geochimija, 8 (1956).

Rabinowitsch, A. W., G. R. Rik & N. M. Golubtschina: Die Pb-Isotopenzusammensetzung einiger Gesteine und der mit ihnen zusammenhängenden Bleiglanze. — Geochimija, 7 (1956).

Russel, R. D. & R. M. Farquar: Isotopic analyses of leads from Broken-Hill, Australia. — Trans. Am. Geophys. Un., 38, Nr. 4 (1957).

Sandberger, F.: Zur Theorie der Bildung der Erzgänge. — Z. deutsch. geol. Ges., 1880.

Stelzner, A. W.: Die Lateralsekretionstheorie und ihre Bedeutung für das Příbramer Ganggebiet. — Jb. K. K. Bergakademie, XXXVII (1889).

Tauson, L. W.: Zur Geochemie des Urans in den Granitoiden des Tschernowizker Massivs. — Geochimija, 2 (1956).

Tilton, G. R., C. Patterson, H. Brown, M. Inghrem, R. Hayden, D. Hess & E. Larsen: Isotopic composition and distribution of lead, uranium and thorium in a prescambrian granite. — Bull. Geol. Soc. Amer., 66, S. 1131 (1955).

Tugarinow, A. I., E. E. Wainstein & I. D. Schewalejewskij: Über das Zr/Hf-Verhältnis in Zirkonen der intrusiven und metasomatischen Gesteine. — Geochimija, 2 (1956).

Tugarinow, A. I. & S. I. Sykow: Die Genese der polymetallischen Lagerstätten des Gawa-Sumsarskijer Gebietes nach den Ergebnissen der Pb-Isotopenuntersuchung. — Bull. der Kommission zur Bestimmung des absoluten Alters geologischer Formationen, Nr. 2, 1957.

Tugarinow, A. I., L. K. Gawrilowa & N. M. Golubtschina: Die Evolution der Pb-Isotopenzusammensetzung der Gesteine des Dnepr-Gebiets. — Arbeiten der 7. Sitzung der Kommission zur Bestimmung des absoluten Alters der geologischen Formationen, Isd. An. SSSR, 1959.

Wainstein, E. E., A. I. Tugarinow, A. M. Tusowa & I. D. Schewalewskij: Über das Zr/Hf-Verhältnis in metamorphen und metasomatischen Gesteinen. — Geochimija, 3 (1958).

Winogradow, A. P.: Die Pb-Isotopen und ihre geochemische Bedeutung. — Sitzung der Akademie der Wissenschaften der UdSSR über die friedliche Anwendung der Atomenergie 1955.

Die ingenieurgeologische Kartierung in den Ländern des Rates für gegenseitige Wirtschaftshilfe

FRITZ REUTER, Berlin

Die Anfertigung von geologischen Darstellungen für Ingenieurprojekte kann mindestens bis zur Jahrhundertwende zurückverfolgt werden. In den einzelnen Ländern ist das allerdings unterschiedlich. In Deutschland kann man von einer ingenieurgeologischen Karte erst in den 20er Jahren dieses Jahrhunderts sprechen. In dieser Zeit erhielt die ingenieurgeologische Kartierung ihre stärksten Impulse von der Bodenkunde. Es waren bis 1945 auch fast ausschließlich Landwirte und Bodenkundler, von denen die ingenieurgeologische Kartierung im Rahmen der Landschaftsgestaltung und Raumplanung betrieben wurde. Nach 1945 wurden dann die Geologen — und man kann eigentlich sagen, die Ingenieurgeologen — richtunggebend in der ingenieurgeologischen Kartierung. In den Geologischen Diensten der DDR entstanden Karten, in denen die verschiedensten Ansichten der Bearbeiter über den Inhalt einer ingenieurgeologischen Karte zum Ausdruck kamen. Von einer Methodik oder Einheitlichkeit konnte man selbst in ein und derselben Dienststelle noch nichts bemerken. Während in verschiedenen Ländern bereits bestimmte Vorstellungen über eine Klassifikation der Karten, meist abgestimmt auf die Projektierungsstadien, herrschten, wurde bei uns die Ingenieurgeologie fast ausschließlich durch das Gutachtenwesen (vereinzelt auch mit geologischen oder ingenieurgeologischen Karten) bestimmt. Es gab allerdings vereinzelt Ansätze zu einer systematischen Kartierungsarbeit, um dem Ingenieur, der eine geologische Karte meist nicht zu lesen versteht, mehr geben zu können als nur ein trockenes Gutachten. Außerdem hatte es sich bei der Anfertigung einzelner ingenieurgeologischer Karten gezeigt, daß der Ingenieur und die Planungsstellen derartige Vorstellungen direkt verlangten. Über die Möglichkeit einer „Normung" der ingenieurgeologischen Karte gehen die Ansichten sehr weit auseinander.

GRAUPNER (1954), der in Westdeutschland die ingenieurgeologische Kartierung sehr erfolgreich durchgeführt hat, warnt vor einer Normung ingenieurgeologischer Karten. Einige sowjetische Autoren sind ähnlicher Meinung wie GRAUPNER, z. B. PRIKLONSKI (1950). Er sagt, daß es nicht möglich ist,

„einen einheitlichen Typ einer ingenieurgeologischen Karte festzulegen, da die natürlichen Erscheinungen, die bei der Herstellung ingenieurgeologischer Karten unter den verschiedenen geologischen Bedingungen berücksichtigt werden müssen, zu unterschiedlich sind".

Zu einigen von ihm vorgelegten Karten schreibt er:

„Man muß sie entweder unmittelbar benutzen, wenn der geologische Bau des erforschten Bezirkes die Anwendung des betreffenden Types erlaubt, oder man muß die einzelnen Elemente der verschiedenen Karten kombinieren."

Eine ähnliche Meinung hat auch OKOLO-KULAK (1953):

„Da es zur Zeit noch keine allgemein anwendbare Methodik für die Anfertigung ingenieurgeologischer Karten gibt, hängt die Qualität der einzelnen Karten in bedeutendem Maße davon ab, ob das Wesentliche für das Bauvorhaben oder für die zu errichtenden Anlagen in leicht lesbarer Form angegeben werden kann. Die Notwendigkeit, den Einfluß der verschiedenartigsten Faktoren zu berücksichtigen, verlangt jedesmal vom Autor der Karte große Erfahrung und Kenntnisse."

Beachtet man ergänzend zu diesen Feststellungen bekannter Fachleute noch die Vorschriften für die Darstellung geologischer Signaturen, ferner die Anweisung der Preußischen Geologischen Landesanstalt für die Kartierung im Flachland und u. a. den Markscheideratlas, so sieht man, welche Schwierigkeiten von Anfang an bei der Anfertigung einer ingenieurgeologischen Karte auftreten.

Die in den Geologischen Diensten der DDR ausgearbeiteten ingenieurgeologischen Karten, die aus gemeinsamen Überlegungen mit den projektierenden Ingenieuren entstanden sind, lassen ebenfalls erkennen, daß schon in der individuellen Auffassung des Darzustellenden große Abweichungen bestehen. Das ist keine Begründung dafür, daß man auch künftig nicht nach einer einheitlichen Darstellung streben sollte, sondern es zeigt eher, daß z. B. der Ingenieur, der zum ersten Male eine ingenieurgeologische Karte sieht, meistens mit allen Darstellungsarten einverstanden ist, weil sie ihm mehr aussagen als das für ihn z. T. unverständliche Gutachten. Zu den subjektiven Auffassungen über die Darstellungsweise kommen hinzu

a) der unterschiedliche geologische Untergrund und
b) die Art des Bauwerks.

Aus der Tiefenlage des tragfähigen Baugrundes ergibt sich, daß eine ingenieurgeologische Karte im Flachland anders aussieht als im Gebirge. Während im Flachland schon Tone und Sande den Baugrund bilden können, wird man im Gebirgsland immer bemüht sein, die Bauwerke auf Felsgestein zu gründen.

Ingenieurgeologische Spezialkarten müssen auch die unterschiedlichen Erfordernisse der einzelnen Bauwerke berücksichtigen. Während z. B. bei einem Stauraum die Dichtigkeit des Staubeckens beurteilt werden muß, interessieren beim allgemeinen Hochbau sowohl der Schachtboden als auch der Lastboden (im GRAUPNERschen Sinne) und beim Straßenbau besonders die oberflächigen Schichten hinsichtlich der Frostgefährlichkeit der Gesteine.

Gegenüber den Spezialkarten sollen ingenieurgeologische Übersichtskarten auf möglichst viele Fragen Antwort geben, die für die Gesamtplanung eines Gebietes wichtig sind.

Die wenigen Beispiele zeigen, was bei der ingenieurgeologischen Kartierung berücksichtigt werden muß und welche Schwierigkeiten bei der Aufstellung einer Methodik auftreten werden. Sie zeigen aber auch, daß eine Vereinheitlichung der Darstellungsweisen erforderlich ist, um ein Kartenwerk zu schaffen, das für jeden lesbar ist. Daß das möglich ist, geht daraus hervor, daß jeder Autor immer wieder einen bestimmten Kartentyp bevorzugt, den er auf alle Möglichkeiten — mit gewissen Abweichungen selbstverständlich — anzuwenden vermag.

Aus dem Bedürfnis heraus, eine einheitlich aussehende ingenieurgeologische Karte anzufertigen, stellte der Rat für gegenseitige Wirtschaftshilfe der Staatlichen Geologischen Kommission der DDR die Aufgabe, nachfolgend genanntes Thema gemeinsam mit den Geologischen Diensten der anderen Länder zu bearbeiten:

„Methodik der ingenieurgeologischen Kartierung und der Aufstellung von ingenieurgeologischen Karten für verschiedene Arten von Bauobjekten und Wege zu ihrer Vereinheitlichung."

Um dieses Thema zu bearbeiten, wurde beim Zentralen Geologischen Dienst eine Arbeitsgruppe gegründet, die zunächst zwei Aufgaben hatte:

a) gemeinsam mit allen Institutionen der DDR, die sich mit der ingenieurgeologischen Kartierung beschäftigt haben (Geologische Dienste, Hochschulen), das Material des Inlandes zusammenzutragen und auszuwerten;

b) mit den zuständigen ausländischen Geologischen Dienststellen in Verbindung zu treten, um durch Konsultationen, Übergabe von Material und Literatur Hinweise und Grundlagen für das gestellte Thema zusammenzutragen.

Auf Grundlage der uns von den Ländern zur Verfügung gestellten ingenieurgeologischen Karten, Erläuterungen, Instruktionen und Literatur sowie der uns bekannten Veröffentlichungen wurde der Entwurf einer methodischen Richtlinie für die ingenieurgeologische Kartierung ausgearbeitet. Dieser Entwurf stützt sich vor allem auf Methodiken der UdSSR und der Volksrepubliken Bulgarien und Polen.

Vergleicht man die Instruktionen der einzelnen Länder, so kann festgestellt werden, daß diese im großen und ganzen untereinander übereinstimmen oder sich ergänzen. Allerdings bereiten die landesüblichen Standards in den Instruktionen der einzelnen Länder die meisten Schwierigkeiten.

Weil international verbindliche Standards bisher nicht vorliegen, wird eine Methodik für die ingenieurgeologische Kartierung bis auf weiteres weniger den Charakter einer Instruktion oder Anweisung als den einer Richtlinie haben können. Sie kann erst dann zu einer Instruktion oder Anweisung werden, wenn im Rahmen der weiteren RgW-Arbeit die Standards und Normen der Länder einander angeglichen werden.

In der Zeit vom 18. bis 24. 10. 1960 wurde in Berlin eine Arbeitstagung der Vertreter der Ingenieurgeologie der RgW-Länder Ungarn, DDR, Polen, Rumänien, UdSSR und ČSSR durchgeführt.

Die obengenannten Materialien und die während der Tagung durchgeführten Diskussionen führten zur Ausarbeitung einer Richtlinie, die für alle Arten ingenieurgeologischer Karten gültig ist und für die weitere Kartierungsarbeit auf dem Sektor Ingenieurgeologie in den RgW-Ländern verbindlich sein soll. Mit dieser Richtlinie sollen innerhalb von zwei Jahren für verschiedene Maßstäbe und verschiedene Bebauungsarten Musterkarten und Instruktionen angefertigt werden. Erst wenn diese Arbeiten abgeschlossen sind, wird die Richtlinie ihre endgültige Fassung bekommen. Vor allem müssen, wie bereits erwähnt, die in den einzelnen Ländern gültigen Normen und Standards einander angeglichen werden. Außerdem muß eine Übereinkunft über die Methodik von Probennahmen und laboratoriumstechnischen Untersuchungen erzielt werden. Eine erste Sichtung des vorliegenden Materials und Besprechungen mit anderen Betrieben und Instituten lassen heute bereits erkennen, daß neben den internationalen Bestrebungen auch die Arbeit im Bereich unserer Republik koordiniert werden muß. Es hat sich nämlich herausgestellt, daß fast jeder Betrieb oder jedes Institut, das irgendwie mit der Ingenieurgeologie verbunden ist, Arbeitskreise gebildet hat, die an der Aufstellung von Klassifikationen oder Standards mitarbeiten. Alle diese Bestrebungen, die das Ziel haben, die alten verbesserungswürdigen Richtlinien und Standards durch neue zu ersetzen, sind zu überprüfen, und es ist festzustellen, inwieweit hier wertvolle Anregungen übernommen werden können.

Bei der Anfertigung ingenieurgeologischer Karten sind besonders solche Arbeitsgänge und Klassifikationen zu vereinheitlichen, die die Anfertigung einheitlich aussehender Karten gewährleisten. Die in der Zeit vom 18. bis 24. 10. 1960 in Berlin anwesenden Ländervertreter haben deshalb folgendes Arbeitsprogramm aufgestellt:

1. Um die fachliche Verständigung zu erleichtern, soll innerhalb des nächsten Jahres eine einheitliche Terminologie für die ingenieurgeologische Kartierung geschaffen werden mit dem Ziel, ein internationales Wörterbuch der RgW-Länder herauszugeben.

2. Zur Anfertigung einheitlicher ingenieurgeologischer Karten sollen ebenfalls einheitliche Klassifikationen für die wichtigsten geologischen Erscheinungsformen ausgearbeitet werden. Hierzu gehören insbesondere ingenieurgeologische Klassifikationen von strukturellen und tektonischen Elementen, der Gesteine, der geomorphologischen Elemente, der geologisch-physikalischen Erscheinungen und der Grundwässer.

3. Die Methoden verschiedener ingenieurgeologischer Untersuchungsarbeiten, wie u. a. Probennahmen, bodenmechanische und Wasseruntersuchungen, sind einander anzugleichen und zu vereinheitlichen.

Die Realisierung dieser Punkte ist eine bedeutende Aufgabe, die nur erfüllt werden kann, wenn diese theoretischen Grundlagen mit unserer praktischen Tätigkeit geschickt kombiniert werden können und alle Ingenieurgeologen mit Begeisterung daran mitarbeiten.

Von den Delegationen der kürzlich stattgefundenen Tagung wurden zur Lösung dieser Aufgaben folgende Voraussetzungen geschaffen: Von jedem Land wurde eine Stelle benannt, die ständig an diesen Problemen mitarbeitet, so daß ein dauernder Informations- und Materialaustausch erfolgen kann. Darüber hinaus wird in der nächsten Zeit jährlich eine internationale Arbeitstagung stattfinden. Während in diesem Jahre die obengenannten Punkte zur Diskussion gestellt werden, sollen ein Jahr später die bis dahin angefertigten Kartenmuster vorgelegt und diskutiert werden.

In diesem Heft der „Zeitschrift für angewandte Geologie" werden die auf der im Oktober 1960 durchgeführten Arbeitstagung für ingenieurgeologische Kartierung erarbeitete Methodik und die gehaltenen Vorträge veröffentlicht. Sie sollen der allgemeinen Information und gleichzeitig der Weiterentwicklung unseres Fachgebietes dienen. Die Arbeitstagung ist der erste Schritt zu einer großzügigen internationalen Arbeit auf dem Fachgebiet der Ingenieurgeologie. Wenn alle Institute und Betriebe in der DDR, die ingenieurgeologisch arbeiten, an dieser Aufgabe mitwirken, werden wir zu den nächsten Tagungen unseren gemeinsamen Beitrag zur Entwicklung der ingenieurgeologischen Kartierung vorlegen können.

Die ingenieurgeologische Kartierung in Deutschland

Fritz Reuter & Alfred Thomas, Berlin

Einleitung

Seit etwa zehn Jahren macht sich im Zusammenhang mit dem Aufbau von Städten, Dörfern, Industrien und Verkehrslinien ein ständig wachsendes Interesse an der Baugrundkartierung und damit die Notwendigkeit der Aufstellung einer systematischen Methodik für die Anfertigung ingenieurgeologischer Karten bemerkbar. Ähnlich geartete Wünsche bestanden auch früher schon, jedoch fanden sie bei den Geologen nur wenig Anklang. Diese waren wahrscheinlich der Meinung, daß mit der Herausgabe geologischer Karten den Anforderungen der Praxis Genüge getan sei und daß für die Geologie keine Möglichkeit und auch keine Veranlassung bestände, sich einer ingenieurgeologischen Kartierung zuzuwenden.

Als in der zweiten Hälfte des 19. Jahrhunderts die geologische Kartierung ihren ersten Aufschwung erlebte und auch auf das bis dahin geologisch noch nicht aufgenommene Flachland übergriff, war man sich bewußt, daß es sich nicht nur um eine bildliche Wiedergabe der obersten Erdschichten handeln konnte, sondern daß auch wirtschaftlichen und technischen Zwecken gedient werden sollte. Vereinzelt wurde die geologische Kartierung damals schon im Zusammenhang mit Fragen des Städtebaus behandelt (Orth 1873). Von der Notwendigkeit, besondere technisch-geologische Karten, vor allem für baugrundtechnische Belange, anzufertigen, konnte jedoch damals noch keine Rede sein.

Die Herstellung geologischer Karten des Flachlandes für die Landwirtschaft war von Anfang an als wichtig erkannt worden. Bei den Vorarbeiten, die um 1875 zur geologisch-agronomischen Kartierung führten, wurden daher auch die bodenkundlichen Fragen mit in Betracht gezogen. Als jedoch die so entstandenen Karten von landwirtschaftlicher Seite im Laufe der Jahre als unzureichend beurteilt wurden, gingen die Bodenkundler dazu über, unabhängig von den Geologen eine Bodenkartierung vorzunehmen, die sich in einigen Jahrzehnten außerordentlich entwickelt hat (H. Stremme 1932).

Die Kartierungstätigkeit erstreckte sich mehr und mehr auch auf den Baugrund. So kam es, daß die ersten „Baugrundkarten" nicht von Geologen, sondern von Bodenkundlern ausgearbeitet wurden, wenn man davon absieht, daß auch einige Ingenieure den Versuch unternommen hatten, die Baugrundverhältnisse mehrerer Städte auf ihre Weise kartenmäßig zu erfassen. Soweit es sich vorwiegend um die Planung von kleineren Siedlungen handelte, haben die bodenkundlichen Baugrundkarten ihren Zweck erfüllt. Als es aber darum ging, Industrien und Städte neuzuerrichten oder wiederaufzubauen, konnten Karten dieser Art nicht mehr genügen, es mußten Unterlagen geschaffen werden, die auch tiefere Schichten erfassen.

Die ersten Baugrundkarten als Vorläufer der ingenieurgeologischen Kartierung

Die erste Mitteilung über die Darstellung der Baugrundverhältnisse auf Karten stammt von Langen (1916). Auf der Internationalen Baufach-Ausstellung 1913 in Leipzig waren u. a. für die Städte Altenburg, Brandenburg, Chemnitz (Karl-Marx-Stadt), Danzig (Gdańsk), Eisleben, Erfurt, Frankfurt (Oder), Gera, Halle, Leipzig, Spandau und Weißenfels städtebauliche Einheitspläne gezeigt worden, zu denen jeweils eine „Karte der Baugrundverhältnisse" gehörte. Die Darstellung auf diesen Karten erfolgte durch Flächenfarben und Zeichen, wobei folgende Gegebenheiten berücksichtigt wurden: Wasserläufe, Überschwemmungsgebiete, Gebiete mit einem Grundwasserstand von 1 m oder weniger unter Gelände, feuchte Wiesen und Sümpfe, Wälder, Senkungsgebiete des Bergbaus, Kies- und Lehmgruben, reguliertes Überschwemmungsgebiet und abgesenktes Grundwasser, sonstiger schlechter Baugrund mit der Notwendigkeit tieferer Gründungen, bebaute Gebiete mit Pfahlgründungen oder Senkbrunnen, Aufschüttungen. Heute würde man diese Darstellung „baugrundtechnische Unterlagenkarte" nennen. Langen forderte übrigens damals schon die Sammlung und Darstellung der Ergebnisse von Bohr- und Grundwasseruntersuchungen.

Eine ganz neue Methode wandte dann Moldenhauer an, der den Baugrund von Danzig bearbeitet hatte und als Schüler von Stremme unter dem Titel „Die Ausgestaltung der historisch-geologischen Karte des Danziger Stadtgebietes zu einer technisch-geologischen" 1919 eine Dissertation vorlegte, deren voller Wortlaut 1926 veröffentlicht wurde. Auf dieser Karte stellte er den als tragfähig angenommenen Baugrund in verschiedenen Tiefen dar, wobei er folgende Abstufungen wählte: 0 bis 2 m, 2 bis 4 m, 4 bis 6 m, 6 bis 10 m und mehr unter Gelände. Es handelt sich also um eine „Baugrundtiefenkarte". Beim Auftreten einer stellenweise eingelagerten Schlickschicht wurden zwei Baugrundstockwerke unterschieden, von denen das obere nur zur Aufnahme leichter Bauten geeignet ist. Dem Autor standen 600 Bohrungen zur Verfügung, aus denen er ein Zweiblattsystem (Bohrkarte und Baugrundkarte) mit einem zusätzlichen Bohrverzeichnis entwickelte. Auf der Bohrkarte werden die Bohrungen als rote Kreise dargestellt, auf der linken Seite jedes Kreises wird die „Tiefe des Baugrundes" und rechts die Endteufe angegeben.

Baugrundkarten im Rahmen bodenkundlicher und „geologisch-bodenkundlicher" Kartenwerke

Im Jahre 1932 führte Stremme ein vorwiegend von E. Ostendorff bearbeitetes und zusammengestelltes Kartenwerk vor, das sich in zwei Teile gliederte, einen geologischen und einen bodenkundlichen. An den geologischen Teil schloß sich eine Folge von drei Auswertungskarten an, je eine Karte der nutzbaren Steine und Erden, des Grund- und Bodenwassers und des Baugrundes. Für die Baugrundkarte diente die obenerwähnte Karte von E. Moldenhauer aus dem Jahre 1919 als Muster. Außerdem wurden einige eisenbahngeologische Karten mit herangezogen. Bei der Beurteilung des Baugrundes für den Häuser- und Wegebau wurden Tragfähigkeit, Tiefe, Trockenheit und Rutschgefahr berücksichtigt (Stremme 1932, 1937).

Von da ab gingen die Vertreter der Strememschen Schule auch bei der Bearbeitung der „Baugrundkarten" vorwiegend von den Bodenentstehungstypen aus. In seiner Dissertation über die Kartierung in der Gemeinde

Marke unterscheidet Müller (1938) Bodenkarte, Baugrundkarte, Grundwasserkarte, Meliorationskarte, Planungskarte. Die Bebaubarkeit wird in folgende Stufen eingeteilt und auf der Baugrundkarte durch Flächenfarben gekennzeichnet:

1. Unter „guter Baugrund" (grün und zitronengelb) wird unabhängig von der Bodenart alles verstanden, was dem normalen Ablauf der in Frage kommenden Bauvorhaben vom Gelände her keine Schwierigkeiten bereitet. Die zulässige Belastung liegt nicht unter 2,5 kg/cm².
2. „Mäßig guter Baugrund" (orange) und „ungünstiger Baugrund" (orange mit Schraffur) erfordern bei normaler Bauweise eine gewisse Rücksichtnahme auf unregelmäßig auftretende Wassereinflüsse. Die zulässige Belastung erfährt im allgemeinen keine Einschränkung.
3. „Schlechter Baugrund" (rot) deutet auf schwierige Gründungen und teure Bauweisen hin; es handelt sich meist um künstliche Aufschüttungen, Moore, lockere Steilhänge usw. Ehemalige Sandgruben und stark welliges Gelände erhalten grüne Schraffur.

Auf der Bodenkarte stellt Müller den Bodentyp als „das Primäre bei einer kartenmäßigen Darstellung" durch farbige Flächen dar. Durch schwarze Schraffur und farbige Zusatzzeichen werden sämtliche charakteristischen, morphologischen, physikalischen und chemischen Eigenschaften (Horizontbildung, Bodenart, Abscheidungen, Kalk, Humosität) zum Ausdruck gebracht.

Als ein typisches, auf der Bodenkartierung der Stremmeschen Arbeitsrichtung beruhendes Beispiel kann das von Ostendorff (1942, 1945) beschriebene Kartenwerk der Gemeinde Bippen im Maßstab 1:7500 angesehen werden, das unmittelbar auf das Danziger Vorbild von 1932 zurückgeht. Die Baugrundkarte ist hier eine der elf Einzelkarten, aus denen das Gesamtwerk besteht. Neu war eine von Ostendorff beigegebene Auswertungstabelle zur Beurteilung der Baugrundverhältnisse nach folgenden Punkten:

1. Baugrundbezeichnung mit Hinweisen, ob Betonschutz erforderlich und ob mit Rutsch- und Senkungsgefahr zu rechnen ist; 2. ungefähre Belastbarkeit in kg/cm²; 3. Bodentypen; 4. Boden- und Gesteinsarten; 5. geologische Erscheinungsformen der Gesteine; 6. Durchfeuchtung; 7. Humifizierung der Krume; 8. Tiefe der humosen Krume; 9. Geländeneigung und Lage.

Auf der Karte selbst sind dargestellt:

1. Günstiger Baugrund	0—0,4 m unter Flur	gelb
2. Günstiger Baugrund	etwa 1 m unter Flur	graugelb
3. Mittlerer Baugrund	0,2—1 m unter Flur, oft Sickerwasser	laubgrün
4. Mäßiger Baugrund (Entwässerung teilweise notwendig)	0,2—0,4 m unter Flur	wiesengrün
5. Ungünstiger Baugrund (Entwässerung und Betonschutz unbedingt notwendig)	0,4—1,25 m unter Flur	grau
6. Sehr ungünstiger Baugrund (Entwässerung mit Betonschutz unbedingt erforderlich)	2 bis über 2 m unter Flur	rot
7. Nasse Stellen in günstigem und mittlerem Baugrund, vor Bebauung zu entwässern		rote waagerechte Striche
8. Wegen gelegentlichen Tageswasserzuflusses ungeeignete Baustellen		rote Punkte
9. Tiefe Gräben für Wegebefestigung nötig		rote Wellenlinien
10. Starke Rutschgefahr		rote Pfeile
Ferner: Gewässer		blau
Periodische Gewässer		blaue waagerechte Striche

Eine ähnliche Karte wurde für eine andere, nicht genannte Ortschaft im Maßstab 1:10000 gedruckt (Ostendorff 1942).

Dieser bodenkundlichen Betrachtungsweise entspricht auch der in dem Werk „Ingenieurgeologie" von Bendel (1948) enthaltene, von Müller bearbeitete Abschnitt über „Bodenkundliche Arbeiten für die Stadt- und Landesplanung".

„Geologisch-bodenkundliche Kartierungen" für Planungszwecke wurden vom Amt für Bodenforschung, Krefeld, durchgeführt. Von 1946 bis 1951 wurden die Stadtkreise Bielefeld, Bottrop, Duisburg, Essen, Gelsenkirchen, Herne, Krefeld, Münster, Oberhausen, Soest, Wuppertal bearbeitet. Das Bearbeitungsschema geht aus der Kartierung des Stadtkreises Bottrop hervor, das als Musterbeispiel veröffentlicht worden ist (Mückenhausen & Müller 1950). Danach besteht das Kartenwerk aus: 1. Bodenkarte, 2. Wasser- und Baugrundkarte, 3. Bodeneignungskarte, 4. Bohrkarte mit Bohrregister, 5. Erläuterungsbericht. Diese Kartenwerke erreichen also nicht die Vielfalt des Stremme-Ostendorffschen Systems, schließen vielmehr an die von Müller (1938) gemachten Vorschläge an. Bei einer derartigen Kartierung wird eine geologisch-bodenkundliche Inventur des Geländes durchgeführt, deren wesentlicher Inhalt in der Bodenkarte niedergelegt wird. Mit Rücksicht auf die Benutzer war man bestrebt, diese Bodenkarte übersichtlich und gut lesbar zu halten. Deshalb wurde auch auf die Darstellung der Bodentypen verzichtet, die jedoch im Erläuterungstext behandelt und bei der Ausarbeitung der „Auswertungskarten", d. h. der Wasser- und Baugrundkarte sowie vor allem der Bodeneignungskarte, berücksichtigt wurden.

Auf der Bodenkarte sind dargestellt: Bodenarten, Humusgehalt, Steingehalt, Gesteinsuntergrund, Wasserverhältnisse (Grundwasser und Staunässe) und Geländeneigung. Die zutage tretenden Gesteine werden durch verschiedene Farben dargestellt, mit einer Farbabstufung von violett bis braun und gelb, die der „Schwere" des Bodens entspricht.

Die Wasser- und Baugrundkarte beruht auf der Bodenkarte und wertet diese für eine Beurteilung der Wasserverhältnisse im Baugrund unter Berücksichtigung einer zwei- bis dreigeschossigen Bebauung aus. Sie enthält Angaben über Tragfähigkeit, Setzungen, Frostempfindlichkeit, Bearbeitbarkeit der Gesteine und Vorkommen von Baustoffen. Ferner wurden Hinweise für Kellerbau und schwerere Bauwerke gegeben.

Die Bodeneignungskarte gibt eine Einteilung der Böden nach ihrem Wert entsprechend der Bodenschätzung.

Für die Feldaufnahme wurden auf 1 Quadratkilometer 50 bis 100 Peilstangenbohrungen durchgeführt, die im allgemeinen 2 m, teilweise jedoch auch 3 bis 4 m Teufe erreichten. War das Bodenprofil nicht sicher anzusprechen, so wurden Aufgrabungen von 0,5 bis 1,5 m Tiefe vorgenommen.

Eine andere Darstellungsweise, aber ebenfalls von der Bodenkunde ausgehend, versuchte Groschopf (1951) für das Ulmer Stadtgebiet zu geben. Er stellt seine Kartierungsergebnisse auf drei Karten dar:

1. Eine Bodenkarte, auf der die oberflächlich ausstreichenden Schichten farbig angelegt sind. Der tiefere Untergrund ist durch Buchstabenprofile gekennzeichnet.

2. Eine Karte über den tragfähigen Untergrund, der durch Isobathen in Abstufungen bis 10 m Tiefe dargestellt ist. („Baugrundtiefenkarte", ähnlich der von Moldenhauer 30 Jahre früher ausgearbeiteten Karte von Danzig.)

3. Eine Karte, auf der nach den in den letzten 30 Jahren durchgeführten Beobachtungen des Festpunktnetzes die Bereiche gleicher Setzungsgeschwindigkeiten dargestellt sind.

Die Baugrundkartierung auf bodenkundlicher Grundlage wird durch Ostendorff und seine Schüler Betz und Gwinner zu einer bodenkundlich-ingenieurgeologischen Kartierungsmethode weiterentwickelt. Beispiele hierfür sind die Baugrundkarten von Bremerhaven und Göttingen.

Der Bearbeitung von Bremerhaven lag ein Verfahren zugrunde, bei dem unter Berücksichtigung der bodenkundlichen, geologischen und hydrogeologischen Verhältnisse Einheiten („Bodeneinheiten") ausgesondert wurden, die annähernd gleiche baugrundtechnische Eigenschaften aufweisen und denen fünf „Baugrundgütestufen" zugewiesen werden. Diese Stufen sind: günstig, mittel, mäßig, ungünstig, sehr ungünstig. Bei den bis 20 m mächtigen Schlick- und Schilftorfablagerungen werden auf der Karte zusätzlich die Tiefenstufen des standfesten Untergrundes wie folgt dargestellt:

Tiefe	unbestimmt
	0— 5 m unter Flur
	5—10 m unter Flur
	10—15 m unter Flur
	15—20 m unter Flur

(Betz 1949, Gwinner 1954, Ostendorff 1950.)

Die Bearbeitung der Baugrundkarte von Göttingen erfolgte nach Baugrundtypen (Gwinner 1954 und 1956). Obwohl Gwinner (1954) bei seinen Arbeiten noch von der genetisch-morphologischen Bodenkunde ausgeht, schreibt er (S. 6ff.), daß die Darstellung des Bodentyps nur bedingt für Baugrundzwecke in Frage kommt. Die in seiner Einleitung gegebenen Zitate deuten die Richtung an, die man zur Lösung dieser Aufgabe einschlagen muß. Wegen ihrer allgemeinen Bedeutung, die sie nicht nur für die ingenieurgeologische Kartierung, sondern auch für die Ingenieurgeologie überhaupt haben, seien sie hier wörtlich wiedergegeben:

„Terzaghi (1925) betont, ‚daß alle bodenmechanischen Größen wertlos sind, wenn sie aus dem geologischen Zusammenhang, der Gesamtheit des geologischen Profils, herausgenommen sind'.

Stiny (1922): ‚Die Verfahren, die bei der Bodenuntersuchung Erfolg versprechen, fußen völlig auf geologischer Grundlage...' Und weiter: ‚Man darf aber hierbei nicht in den häufigen Fehler verfallen, seine Folgerungen aus dem kleinen, für den Bau selbst in Betracht kommenden Raum allein ziehen zu wollen. Erst die gründliche geologisch-formenkundliche Erfassung des weiteren Gebietes schafft jene breite gediegene Grundlage, auf welche alle wichtigen Schlüsse über den Gebirgsbau, die Entstehung der Geländeformen, die Wasserführung der Schichten, die technischen Eigenschaften der von dem Bau betroffenen Gesteine usw. aufgebaut werden können.' "

Gallwitz fordert (1938) eine Ausbildung in dieser Richtung bereits auf der Hochschule: „... daß die Geologie zum Ausgangspunkt der Baugrundbeurteilung und -untersuchung gemacht werden müsse, da nur das Verständnis der geologischen Zusammenhänge die Probleme richtig erfassen kann" (Gwinner 1954, S. 4).

Gwinner deckt eigentlich alle bisherigen Schwächen der Kartierung auf und versucht, einen Kompromiß zwischen den früheren Betrachtungsarten und den zeitgemäßen Forderungen zu finden. Zu der rein kartenmäßigen Darstellung der Baugrundtypen kommt eine Auswertungstabelle hinzu, in der folgendes enthalten ist: Geologie, Hydrogeologie, ingenieurgeologische Beurteilung, Gründung, zulässige Belastung, Drainage, Bemerkungen.

Einen Schritt weiter ging Gwinner (1956), als er die Baugrundkarte der Stadt Göttingen noch einmal einer Betrachtung unterzog. Er faßt bodenmechanisch sich gleich verhaltende geologische Einheiten zusammen und berücksichtigt: Gründungsverhältnisse, Wasserhaltungsmöglichkeiten, Bearbeitbarkeit und zulässige Belastung nach DIN 1054. Eine Darstellung der Schichten nach bodenmechanischen Größen lehnt er allerdings ab, da die „Untersuchungen in einem Umfang nötig wären, der kostenmäßig untragbar wäre".

Die Baugrundkarte wird daher so bearbeitet, daß bautechnisch typische geologische Einheiten unterschieden und dargestellt werden (S. 49):

A. Setzungsfreier Baugrund mit Flachgründung erreichbar:
   1. anstehendes Felsgestein unter bis 2 m mächtiger Bodendecke;
   2. anstehendes Felsgestein mit einer Geländeneigung über 25—30%, das tiefgründig verwittert ist;
   3. Kies und Kiessand unter Auelehm;

B. Baugrund aus Lockergestein, Konsistenz und Standfestigkeit nach der Tiefe hin zunehmend:
   4. mehr als 2 m Lehm und Löß;
   5. wie Typ 4, aber zu Staunässe neigend;
   6. tiefgründige Böden, stark vernäßt;
   7. Ton- und Tonmergelböden des Keupers;

C. Baugrund aus Lockergestein und Wechsellagerung von Lockergestein:
   8. tiefgründige Böden mit weichplastischem Untergrund, wie Torf und Faulschlamm;

D. Rutschgefährdeter Baugrund:
   9. Ton und Tonmergel des Keupers und des Lias bei stärker geneigten Hängen;

E. Unterschiedliche Verhältnisse, die auf der Karte nicht zu trennen sind:
   10. Sinterkalk mit unterschiedlicher Wasserführung, mit Torf wechsellagernd breiig;
   11. periglazialer Hangschutt über unbekanntem Untergrund, Neigung 10—30%.

Außer Flächenfarben und Schraffuren werden zusätzlich Zeichen für steile Böschungen, Rutschgefahr, quellige Stellen und Hochwassergebiete angewendet.

Wenn wir die Entwicklung der bodenkundlich-ingenieurgeologischen Karte betrachten, so sehen wir, daß sie bei Gwinner ihre höchste Stufe erreicht hat. Die mathematisch-physikalische Erfaßbarkeit der Gesteinsschichten ist geschickt mit der geologischen verbunden worden, so daß eine recht brauchbare ingenieurgeologische Karte vorliegt. Die wichtigsten vom Bauingenieur benötigten Daten sind in der Karte oder dem erläuternden Text enthalten, so daß er damit arbeiten kann.

Es ist noch die „Geologische Baugrundkarte von Teilen des Stadtgebiets Salzgitter" zu erwähnen, die aus folgenden Einzelkarten besteht (Gwinner 1954):

1. Bodenkarte, mit Eintragung der Bodentypen, Boden- und Gesteinsarten, Geländeneigung.

2. Baugrundkarte, mit Eintragung von Baugrundtypen.

3. Bodeneignungskarte, mit Eintragung der land- und forstwirtschaftlichen Eignung der Böden und der bodenmäßig wünschenswerten Siedlungsplanung.

Die Karte wurde im Maßstab 1:5000 angefertigt und dann auf den Maßstab 1:25000 umgezeichnet.

Baugrundkarten auf geologischer Grundlage

Nach 1945 entstanden Baugrundkarten, die nicht mehr Bodentypen und Bodenarten zur Grundlage haben, sondern nur noch von den geologischen Verhältnissen ausgehen. Die von KOCH bearbeitete Baugrundkarte von Hamburg im Maßstab 1:10000 gibt in gut zu unterscheidenden Flächenfarben Lehm, Sand, Kies, Torf, Schlick, Aufschüttungen, meist nur bis 2 m Tiefe, wieder. Bei mächtigeren Schlickablagerungen ist der „tragfähige Sanduntergrund" durch Linien gleicher Tiefe gekennzeichnet (DIENEMANN 1953).

Bei der Baugrundkarte von Kiel hat sich HABETHA die Darstellung des augenblicklichen Baugrundzustandes mittels der Angabe der Baugrundgüte, d. h. des Eignungsgrades für die Gründung von Bauwerken verschiedenster Art, zum Ziel gesetzt. Für die Güteklassen wurden Flächenfarben verwendet (DIENEMANN 1953). Unterschieden werden „gut", „mittel", „schlecht", „sehr schlecht".

Im Heilbronner Stadtgebiet wird der Baugrund vorwiegend durch Kiesschichten gebildet. Die Baugrunduntersuchung und -kartierung beschränkt sich daher auf die Ermittlung und Darstellung von zungen- und linsenförmigen Schlammschichten. Als „Schlamm" wird eine Lehm- und Schlickschicht mit vielen organischen Beimengungen verstanden. Der Kartierung liegt also ein Einzelkriterium zugrunde (BENZ 1951). Für das nördliche Industriegebiet ist eine Grundwasserkarte unter Berücksichtigung auftretender Betonaggressivität angefertigt worden (WILD 1952).

Bei der Kartierung in Stuttgart versucht BENZ (1951) eine Einteilung des Baugrundes, die unabhängig von der subjektiven Beurteilung des jeweiligen Bearbeiters ist. Sein Kartenwerk im Maßstab 1:5000 sucht die tatsächlichen geologischen Einheiten zu erfassen, wobei er sich bei seiner Klassifizierung des Baugrundes zahlreicher physikalisch-mechanischer Untersuchungen bedient. Sein Einteilungsprinzip beruht auf bodenmechanischen Analysen. Sein Ziel ist die „wertmäßige baugrundtechnische" Erfassung der Schichten. Seine Klassifizierung entspricht dann den jeweiligen Belastbarkeiten, die unmittelbar nach zahlreichen Laborversuchen ermittelt wurden, und sieht folgendermaßen aus:

guter Baugrund	3,5 —5,0	kg/cm²
günstiger Baugrund	2,0 —4,0	,,
mittlerer Baugrund	1,5 —3,0	,,
mäßiger Baugrund	0,75—1,9	,,
schlechter Baugrund	0,3 —0,8	,,

Das Kartenwerk von BENZ (1951) enthält folgende Einzelkarten:

1. Baugrund- oder geotechnische Karte bis 3 m Tiefe
2. Baugrund- oder geotechnische Karte bis 5 m Tiefe
3. Gipskeuperkarte
4. Karte der Schlickgesteine
5. Karte des Sauerwasserkalkes
6. Karte des Lößes
7. Wasserkarte (oberirdische Wasserläufe, Wasserspiegel der unterirdischen Wasserläufe, Brunnen, Isolinien)
8. Senkungszonenkarte, unterteilt nach Rinnen im Gipskeuper, die mit jüngeren Ablagerungen gefüllt sind, und solchen Senkungen, die ihre Ursachen in Schwächen des Gipskeupers selbst haben.

Weiterhin bringt er mehrere ingenieurgeologische Schnitte.

Die Arbeit von BENZ ist ein Beispiel dafür, wie man bei der Baugrundkartierung anstatt der bodenkundlich-genetischen Betrachtungsweise allmählich die Geologie, verbunden mit der Bodenmechanik, in den Vordergrund stellt.

Eine straffere Gliederung erfahren die ingenieurgeologischen Karten durch GRAUPNER. Obwohl er selbst vor einer Normung der Karten warnt, bevorzugt er doch immer wieder etwa denselben Typ, der sich auch durchaus bewährt hat. Was bei ihm besticht, ist die gute Systematik, in der er das wichtigste genau erfaßt hat, die gründliche Herausarbeitung dessen, was der Bauingenieur für die Projektierung benötigt. Alles andere, was die Karte nur belastet und unübersichtlich macht, wird herausgelassen. Dies stellt ja gerade eine der größten Schwierigkeiten überhaupt dar.

In dieser Beziehung verdienen die GRAUPNERschen Karten, ganz besonders hervorgehoben zu werden. GRAUPNER wendet ein Mehrblattsystem an, das aus drei Karten und drei Karteien besteht. Die Klarheit und Übersichtlichkeit ist dabei fast unabhängig von einem kurzen, ebenfalls übersichtlich geordneten Textteil (DIENEMANN & GRAUPNER 1951), der eine geologisch-bodenmechanische Erläuterung gibt und auch für einen Nichtgeologen durchaus lesbar ist. Nur bei besonderen Anforderungen, wie im Falle Bremen (GRAUPNER 1955), wird von der üblichen Darstellung abgegangen.

Im allgemeinen besteht das GRAUPNERsche Kartensystem aus drei Karten, 1. der Bohrkarte, 2. der Wasserkarte, 3. der Baugrundkarte. Dazu gehören: 1. die Bohrkartei, 2. die Bauwasserkartei, 3. die Bauwerkskartei.

Weiterhin schlägt GRAUPNER (1953) noch die Anfertigung einer Beobachtungskarte vor, die solche Bauschäden darstellen soll, die an den bereits bestehenden Gebäuden beobachtet wurden.

Die Bohrkarte soll die Aufschlüsse, getrennt nach Tiefe, Genauigkeitsgrad und Art, also natürliche Aufschlüsse, Bohrungen, Schürfe usw., darstellen. Ferner enthält sie die Profillinien. Man könnte sie besser als Dokumentations- oder Aufschlußkarte bezeichnen. Sie ermöglicht einmal ein schnelles Zurechtfinden in den Unterlagen und gibt zum anderen auch den Genauigkeitsgrad der übrigen Karten an.

Die Baugrundkarte beruht auf geologischer Grundlage und bildet die ingenieurgeologische Karte im engeren Sinne. Sie wird gegenüber gleichartigen immer die größten Abweichungen zeigen, da sie ausschließlich auf die jeweiligen geologischen Verhältnisse und die Morphologie ausgerichtet werden muß. Die Darstellung erfolgt weniger nach stratigraphischen als nach lithologischen Einheiten. Dabei werden die Gesteine nach ihren bautechnischen Eigenschaften, der zulässigen Belastung (z. B. 5—3—2—0,5 kg/cm²), nach ihrer Rutschgefahr, Frostgefährlichkeit usw. zusammengefaßt und dargestellt. Gemessene Setzungsbeträge werden genannt und bei der Kartierung berücksichtigt.

Die Wasserkarte enthält alle ehemaligen und derzeitig noch vorhandenen, stehenden und fließenden Oberflächengewässer, Quellen, Teiche, Flußläufe und deren Überschwemmungsgebiete. Der Grundwasserspiegel wird in Flächenfarben oder Signaturen oder durch Isobathen oder Isohypsen ausgeschieden. Soweit möglich, soll die Karte auch Angaben über den Chemismus enthalten.

Mit diesen Kartenwerken erhalten die Planungsbehörden eine Unterlage zur Ausarbeitung und Begründung ihrer Flächennutzungspläne (GRAUPNER 1954). Der Maßstab 1:10000 wird für die Stadtplanung als der günstigste angesehen. Für spezielle Zwecke werden auch Karten bis zum Maßstab 1:1000 angefertigt. Die früher übliche Baugrundgütekarte, wie sie z. B. überwiegend von den Bodengeologen angefertigt wurde, wird von

Graupner (1954) abgelehnt. Er ist der Meinung, daß die Zusammenfassung nicht nur nach bestimmten Merkmalen ohne Berücksichtigung der Lithologie erfolgen darf, sondern daß der Baugrund so umfassend wie möglich dargestellt werden muß; daß für die relative Einstufung des Baugrundes nach gut, mittel, schlecht nicht die Meinung des jeweiligen Autors maßgebend sein kann, sondern daß der projektierende Ingenieur selbst in der Lage ist, an Hand der Karte zu entscheiden, wie gegründet werden muß.

Die Darstellung des Baugrundes erfolgt bei normalen Verhältnissen entsprechend den Forderungen der DIN 4022, Blatt 1, bis zu 10 m Tiefe, in speziellen Fällen auch tiefer. Graupner (1954) unterscheidet hierbei den Schachtboden von 0—2 m Tiefe, der bei Flachgründungen höchstens wegen seiner Bodenklasse interessiert, bei Verkehrsbauten allerdings der wichtigste Teil ist, und den Lastboden in 2—10 m Tiefe. Diese Einteilung hat sich bewährt, da die Gründungstiefe bei Flachkellern bei 2 m und bei Tiefkellern bei 4 m liegt. Von der obenbeschriebenen Methodik ging Graupner nur in einem Falle (1955/56) ab, als nämlich für die Stadt Bremen eine Baugrundübersichtskarte im Maßstab 1:25000 für Planungszwecke gefordert wurde. Hier wählte er eine Legende, die drei Baugrundtypen unterscheidet, und zwar günstige, weniger günstige und schwierige Gründungsverhältnisse.

Die am weitesten fortgeschrittene der veröffentlichten westdeutschen ingenieurgeologischen Karten stellt die Baugrundkarte von Hannover (Dienemann & Graupner 1955) dar. Hier wird ein Kartenwerk von 27 Karten im Maßstab 1:10000 vorgelegt, zu dem eine Bohrkartei und eine Erläuterung gehören. Es wurden insgesamt 3500 Bohrungen ausgewertet und diese bzw. deren Auswertung auf einer Baugrundkarte, einer Wasserkarte und einer Bohrkarte zur Darstellung gebracht. Zu der Frage, was dargestellt werden muß, schreiben Dienemann & Graupner (1955):

„Unter Baugrund wird der für die Aufnahme eines Bauwerkes bestimmte Boden als Inbegriff aller vom Bauwerk beeinflußten oder dieses beeinflussenden Bodenschichten einschließlich deren Lagerung und Wasserführung verstanden. Dabei ist die Wechselwirkung zwischen Bauwerk und Baugrund wohl zu beachten; von der Art des Bauwerkes hängt es ab, bis zu welcher Tiefe die Bodenschichten als Baugrund gelten müssen."

Der Lastboden wird als das wichtigste angesehen, was auch in der kartenmäßigen Darstellung zum Ausdruck kommt. Er wird als farbige Fläche oder in farbigen Kreisen angelegt. Die Lockergesteine werden dabei durch Flächenfarben und die Felsgesteine durch Farbstreifen angezeigt. Aus der Richtung der Farbstreifen erkennt man, ob das Gestein mit Baggern bearbeitbar ist oder nicht. Die Farben für den Lastboden gelten im allgemeinen bis zu einer Tiefe von 10 m. Die Schichten unterhalb von 10 m werden durch farbige Zahlen gekennzeichnet, während Einlagerungen im Lastboden grüne Signaturen erhalten. Alle Schwächen, die im tieferen Untergrund liegen, wie z. B. Salzstöcke, werden ebenfalls gekennzeichnet. Der Schachtboden wird, wenn er petrographisch dem Lastboden gleicht, mit den gleichen Farben angegeben; hat er allerdings einen anderen Charakter, so wird dieses durch braune Zeichen auf den Farbflächen oder Streifen kenntlich gemacht. Die Mächtigkeit der einzelnen Schichten kann nur aus den Karteien ersehen werden.

Bei der Wasserkarte ist neu, daß außer den Wasserständen auch die höchsten bekannten durch Zahlen und die Grundwasserfließrichtungen durch grüne Pfeile angegeben werden. Auf der Bohrkarte werden die Bohrungen nach der Tiefe unterschieden.

Nur kurz soll die Ansicht Graupners (1958) über ingenieurgeologische Karten von Gebieten mit Felsgesteinen besprochen werden. Graupner ist in diesem Falle der Auffassung, daß man eine „Reduzierung der natürlichen Vielfalt der Gesteine auf wenige, auch der einfachen physikalischen Erfaßbarkeit zugängliche Felsarten-Gruppen" vornehmen muß. Er will zunächst zwei Hauptgruppen unterscheiden, und zwar solche, die nicht bindig verwittern, und solche, die es tun.

Weiterhin versuchte er, allgemeine Richtlinien über die Gestaltung von ingenieurgeologischen Karten zu geben, wobei er im ersten Teil, der hauptsächlich dem Straßenbau gewidmet ist, drei Felsarten (Kiesfels, Kalkfels, Mergelfels) unterscheidet, und zwar nach der Verwendbarkeit der Gesteine

„... als Schüttstoffe für Dämme... als Schotter (und Packlager) für den Unterbau ... als Splitt mit bituminöser und Teerbindung für Decken".

Er fordert dann die Darstellung des Kluftkörpers und der Auflockerungszahl, damit Hinweise für Gründungsfragen, Strömungsart des Wassers und technische Gewinnbarkeit der Gesteine gegeben werden können. Die Anfertigung einer Wasserkarte hält er nicht für nötig, da zwar „Grundwasserführung und Grundwasserchemie ebenfalls wichtig sind, aber in der Erläuterung zu den amtlichen geologischen Kartenwerken besonders behandelt" werden.

In einem anderen Absatz werden Angaben gemacht, was für einzelne Bauvorhaben besonders benötigt wird.

Neuere ingenieurgeologische Karten

Nach dem Graupnerschen Vorbild hat Wächter (1957) eine Baugrundkarte von Magdeburg angefertigt. Da es sich um eine Schwarz-Weiß-Darstellung handelt, ist das Verfahren etwas anders. Durch Punktierung wird die unterste Schicht gekennzeichnet, die darüberliegende durch Schraffur und die obere Schicht durch Kreise mit der dem jeweiligen Gestein entsprechenden Signatur. Die sich bodenmechanisch ähnlich verhaltenden geologischen Einheiten sind in 9 Gruppen zusammengefaßt. Jede Gruppe wird behandelt nach a) Entstehung, b) Verbreitung, c) Eigenschaften, d) Frostgefährlichkeit, e) Bearbeitbarkeit, f) Verwendung.

Eine ganz andere Art der Aufstellung ingenieurgeologischer Karten wurde bei Diplomarbeiten der Bergakademie Freiberg von Wamser (1956), Rieger (1956) und Hille (1957) versucht. Bemerkenswert ist dabei ein sogenannter „Uhrenplan", in dem punktförmige Darstellungen erfolgen. An Stelle der erbohrten oder aufgeschlossenen Schichten wird am Bohrpunkt ein Kreis gezeichnet, der in 4 Sektoren geteilt wird. Wamser (1956) schreibt hierzu: „Im Uhrzeigersinn gelesen, entspricht dem ersten Sektor eine Belastung von 0—1 kg/cm² und dem zweiten eine Belastung von 1—2 kg/cm², dem dritten eine Belastung von 2—3 kg/cm² und dem vierten eine Belastung von mehr als 3 kg/cm²."

Die „Uhr" ist ein Zifferblatt von 12 Stunden, jede Stunde entspricht einem Meter, so daß auch die Teufenbereiche direkt abgelesen werden können. Nimmt die

Tragfähigkeit nach der Tiefe nicht zu, so wird der weniger tragfähige Horizont dunkel angelegt. Gibt es größere Sprünge innerhalb der angegebenen Tragfähigkeiten, so werden Hilfslinien gezeichnet. Bei flacheren Bohrungen als 12 m wird der nicht durchteufte Teil schraffiert.

„Der Grundwasserstand wird durch einen gestrichelten Radius angegeben, der über die Peripherie der Uhr hinausragt", heißt es weiter. Ein Kreisbogen innerhalb des äußeren Kreises zeigt an, daß in diesem Bereich Setzungen möglich sind.

WAMSER trug diese „Uhren" unmittelbar in seine Baugrundkarte von Karl-Marx-Stadt ein. Diese Karte gibt auf Grund der petrographischen und der stratigraphischen Verhältnisse verschiedene baugrundgeologische Einheiten wieder. Folgende Merkmale der Einheiten werden im Textteil beschrieben und in einer Auswertungstabelle zusammengestellt:

Bautechnische Zuordnung nach dem Festigkeitsprinzip,
Einfluß des Wassers,
Nachweis plastischer Schichten,
Frostempfindlichkeit und Rutschsüchtigkeit,
Tragfähigkeit und zulässige Belastung,
Möglichkeit ungleichförmiger Setzungen,
Hinweise für spezielle Baugrunduntersuchungen und Setzungen.

HILLE teilt seine Bearbeitung des Baugrundes der Stadt Zwickau der besseren Übersichtlichkeit wegen auf folgende drei Karten auf:

1. Baugrundkarte mit Darstellung der Baugrundeinheiten und Lage der Bohrungen,

2. Karte der „Belastungsuhren" mit Eintragung der Beobachtungsbrunnen und der vorhandenen Baugrundgutachten,

3. Karte verschiedener Beobachtungen, wie Grundwasserstände, Hochwassergrenze, alte Flußläufe, Bergbaueinwirkungsgrenzen, Halden, Schuttplätze, Baustoffentnahmestellen.

Im Textteil werden die Gesteinsarten zu sechs Gruppen zusammengefaßt und bezüglich der „Tragfähigkeit" beurteilt:

Gruppe	Tragfähigkeit	Setzungen
Felsgestein	sehr groß, über 7,5 kg/cm	keine
verkittete feste Gesteine	groß bis mittelgroß, 3–7 kg/cm²	gering
rollige, lose nichtbindige Böden	mittelgut 2–5 kg/cm²	einmalig, mittelgroß
steinig-lehmige Böden	mittelgut 2–4 kg/cm²	ungleichmäßig, mittelgroß
bindige Böden	gering bis mittelgut 1–2 kg/cm²	lang andauernd, oft groß
Böden organischen Ursprungs	sehr gering 0–0,2 kg/cm²	sehr groß, Grundbruchgefahr

Für die Städte Wismar, Greifswald, Schwerin und Stralsund sind im Rahmen von Diplomarbeiten des Geologisch-Paläontologischen Instituts der Universität Greifswald Baugrundkarten angefertigt worden (BENOX, LANGE, MEINICKE, SPONHOLZ, alle 1958). Auf der Baugrundkarte von Wismar gibt BENOX die Verhältnisse in 4 m Tiefe durch Flächenfarbe an. Die anderen drei Autoren unterscheiden nach GRAUPNER Schachtboden und Lastboden und stellen den Lastboden in 2 m Tiefe durch Flächenfarben dar.

HOHL hat (1960) den Entwurf einer ingenieurgeologischen Karte im Maßstab 1:25000 zur Diskussion gestellt. Dazu gehört eine Auswertungstabelle mit 25 Spalten. In dieser Tabelle werden die auf der Karte unterschiedenen ingenieurgeologischen Einheiten gekennzeichnet und ihre Eignung als Baugrund, Baustoff usw. eingeschätzt. Der Autor war bestrebt, bei der Art der Kartendarstellung dem Bedürfnis nach Anschaulichkeit und schneller Orientierungsmöglichkeit bei der Planung und Projektierung von Bauvorhaben entgegenzukommen.

Über die Anfertigung „geotechnischer Spezialkarten" hat sich KEIL (1959) geäußert. Dieser Autor hatte die Frage der „Baugrundkarten im Straßenbau", auch straßenbaugeologische Karten genannt, schon früher behandelt (KEIL 1952).

Eine geotechnische Karte für große Gebiete gibt es für die Schweiz. Die Karte besteht aus vier Teilen und hat den Maßstab 1:200000. Mit Flächenfarben sind die Gesteine gleicher technischer Eigenschaften unter Berücksichtigung der geologischen Stellung, allerdings nicht der Stratigraphie, dargestellt. Außerdem werden ausgebeutete und genützte Gesteine durch Zeichen gekennzeichnet. Es sind zwei große Gruppen unterschieden: Oberflächenschutt und Felsuntergrund. Zur Karte gehört eine Erläuterung.

Zusammenfassende Beurteilung der ingenieurgeologischen Karten der deutschen Fachliteratur

Von der ingenieurgeologischen Karte wird heute verlangt, daß sie in übersichtlicher, leicht lesbarer Form allen am Baugeschehen beteiligten Ingenieuren, Geologen usw. Hinweise über die bei einem Bauwerk zu erwartenden Auswirkungen des Untergrundes gibt. Dabei ist es wichtig, die den Untergrund bildenden Gesteine nach physikalisch-mechanischen Gesichtspunkten zusammenzufassen, die Gesamtheit der Schichten aber in einem größeren geologischen Rahmen zu betrachten. Die Karte selbst soll nicht mit unnötigen Einschreibungen belastet, die Erläuterungen sollen aber auch nicht zu weitschweifig geschrieben sein. Am besten hat sich eine Auswertungstabelle in Form einer Legende bewährt, die in übersichtlicher Form über baugrundmechanische Größen, geologisch-genetische Fragen sowie über mögliche Veränderungen Auskunft gibt, die sich aus den geologischen und den Lagerungsverhältnissen ergeben können. Außerdem soll für jede Karte eine Kartei vorhanden sein, die über Spezialfragen jederzeit erschöpfend und schnell Auskunft geben kann.

Weiterhin hat sich eine Unterscheidung von Schacht- und Lastboden bewährt, wobei möglichst genaue Angaben über die Mächtigkeit des Schachtbodens zur Beurteilung der Gesteinsklassen zweckmäßig sind.

Die ersten Karten der bodenkundlichen Arbeitsrichtung erfüllen die obengenannten Bedingungen noch nicht. Ihr Mangel war die Zusammenfassung in einzelne Baugrundtypen, die nur nach dem Grad ihrer Eignung für die Gründung unterschieden werden. Es handelt sich bei den bodenkundlich-genetischen Karten mehr um Planungsunterlagen, bei denen für das Baugeschehen nur ganz überschlägige Angaben abfallen und auch bei Bauten von geringer Bedeutung noch spezielle Begutachtungen erforderlich sind. Als Unterlagen für die großräumige Nutzungsplanung geben sie jedoch sehr gute Hinweise. Um brauchbare Karten zu erhalten, sollte man also die sogenannten „bodenkundlichen ingenieurgeologischen Karten" (in Hinsicht auf die Planung) gewissermaßen als Vorläufer der eigentlichen ingenieurgeologischen Karten betrachten. Die für die Bebauung als günstig ausgeschiedenen Flächen bedürfen dann einer speziellen ingenieurgeologischen Kartierung. Für den bisherigen Fortschritt hat nach der vorliegenden deutschen Literatur die GRAUPNERsche Arbeitsrichtung eine beachtliche Rolle gespielt.

Zusammenfassung

In Deutschland werden etwa seit dem Jahre 1920 ingenieurgeologische Karten angefertigt. Ursprünglich wurde die ingenieurgeologische Kartierung auf bodenkundlicher Grundlage betrieben und auch bis zum Jahre 1950 maßgeblich von den Bodenkundlern beeinflußt. In Westdeutschland hat die ingenieurgeologische Kartierung auf bodenkundlicher Grundlage zugunsten der geologischen Arbeitsrichtung an Bedeutung verloren. In der Deutschen Demokratischen Republik fertigte man im Zusammenhang mit der ingenieurgeologischen Begutachtung ingenieurgeologische Karten auf geologischer Grundlage etwa ab 1950 an. Einheitliche Karten nach methodischen Richtlinien wurden erstmals im Jahre 1960 hergestellt.

Резюме

В Германии примерно с 1920 г. составляются инженерно-геологические карты. Первоначально инженерно-геологическое картирование проводилось на почвоведческой основе и до 1950 г. почвоведы оказали значительное влияние на эти работы. В Западной Германии инженерно-геологическое картирование на почвоведческой основе уступило в пользу геологического направления. В Германской Демократической Республике в связи с инженерно-геологическими экспертизами инженерно-геологические карты на геологической основе составлялись примерно с 1950 г. Единые карты по методическим указаниям впервые были составлены в 1960 году.

Summary

Engineering-geological maps are made in Germany since about 1920 or so. At first mapping was based on soil investigations and as far as 1950 was essentially influenced by pedologists. In Western Germany engineering-geological mapping based on soil science has lost something of its importance in favour of geological working methods. In the German Democratic Republic engineering-geological maps on a geological base were made since about 1950 in connection with engineering-geological expertise. For the first time in 1960 uniform maps were made in conformity with methodical directions.

Die Methodik der ingenieurgeologischen Kartierung in der UdSSR

NIKOLAI WASSILJEWITSCH KOLOMENSKI, Moskau

Nach Übergabe des schriftlichen Berichtes, die vor einigen Monaten erfolgte, haben wir ihn nochmals überarbeitet und einige Präzisierungen und Ergänzungen vorgenommen. Da unser Bericht allen Tagungsteilnehmern bekannt ist, soll hier nur auf die wichtigsten Leitsätze eingegangen werden.

I. Aufgabe der Ingenieurgeologie ist die Schaffung aller geologischen Unterlagen, die für eine richtige Projektierung von Ingenieurbauten erforderlich sind.

Diese Unterlagen sollen die Möglichkeit geben:

1. den günstigsten Standort für ein Bauvorhaben auszuwählen;
2. den Gesamtbebauungsplan und die Konstruktion des Bauvorhabens auszuarbeiten;
3. die rationellsten Baumethoden festzulegen;
4. die richtige Nutzungsform des Bauvorhabens zu bestimmen;
5. die wirksamsten Maßnahmen zur Bekämpfung ungünstiger Erscheinungen auszuwählen, die während der Bauausführung bzw. der Nutzung eines Bauwerks auftreten können.

II. Die Projektierung von Ingenieurbauten erfolgt in der UdSSR in Stadien; den Projektierungsstadien entsprechen die Stadien der ingenieurgeologischen Untersuchungen.

Die Einteilung in Stadien für die verschiedenen Zweige des Bauwesens erfolgt unterschiedlich.

III. Bei den ingenieurgeologischen Untersuchungen werden verschiedene Methoden angewendet; eine der wichtigsten Methoden ist die ingenieurgeologische Aufnahme und die Anfertigung ingenieurgeologischer Karten.

IV. Ingenieurgeologische Aufnahmen werden in der UdSSR seit den zwanziger Jahren durchgeführt, und die Methodik der Aufnahmen und die Kartierung durchliefen eine Reihe von Entwicklungsetappen. Hier sollen die wichtigsten charakteristischen Merkmale der Methodik für die ingenieurgeologische Kartierung, die sich bis zum heutigen Zeitpunkt herausgebildet haben, erwähnt werden.

1. Der ingenieurgeologischen Kartierung liegt in der UdSSR das geologisch-genetische Prinzip zugrunde, das die Entwicklungsgeschichte der Erdkruste, den geologischen Bau, die geomorphologischen und hydrogeologischen Verhältnisse des Gebietes sowie dessen hydrographische Besonderheiten berücksichtigt.

2. In der UdSSR werden zwei Kartenarten angefertigt:

a) Universalkarten, die die Art des Bauwesens und den Charakter des Bauvorhabens nicht berücksichtigen;

b) Spezialkarten, die auf die Art des Bauwesens und den Charakter der Ingenieurbauten zugeschnitten sind.

In der Praxis werden meistens Spezialkarten angefertigt.

3. Wir verwenden drei Formen für die Darstellung ingenieurgeologischer Verhältnisse auf den Karten:

a) Bei der Kartierung und der Bearbeitung der Geländematerialien wird eine ingenieurgeologische Karte hergestellt.

b) Bei der Kartierung werden Hilfskarten (geologische, hydrogeologische usw.) angefertigt, und bei der häuslichen Bearbeitung wird eine ingenieurgeologische Karte hergestellt, auf der die Angaben der Hilfskarten ausgewertet werden; danach werden die Hilfskarten vernichtet.

c) Bei der Kartierung und der häuslichen Bearbeitung werden eine Serie von Hilfskarten und eine ingenieurgeologische Karte hergestellt. Auf der ingenieurgeologischen Karte werden die für den Projektanten notwendigsten Angaben und auf den Hilfskarten die vollständigen Angaben über den zu kartierenden Gegenstand dargestellt. Die ingenieurgeologischen Karten werden von den Projektanten ausgewertet, die Hilfskarten von den Geologen, die beim Bau zur Beratung herangezogen werden.

4. Die Praxis in der UdSSR hat gezeigt, daß die beiden ersten Formen der Darstellung ingenieurgeologischer Verhältnisse nur für sehr einfache Gebiete anwendbar sind. Am häufigsten wird die dritte Form angewendet.

5. Unter Berücksichtigung der Untersuchungs- (Projektierungs-)stadien und der Notwendigkeit, ingenieur-

geologische Karten für eine oder einige Arten des Bauwesens anzufertigen, werden in der UdSSR folgende Karten hergestellt:

a) Allgemeine Übersichtskarten (Maßstab 1:500000 und kleiner)

Sie werden für die Vorprojektierung ausgearbeitet, die mehrere Arten des Bauwesens umfaßt, z. B. bei der Gebietsplanung, wenn folgende Verhältnisse berücksichtigt werden sollen: Städtebau, Wegebau, Verlegung von Gas- und Rohrleitungen u. ä. im Stadium des technisch-ökonomischen Berichts (der volkswirtschaftlichen Aufgabenstellung). Da dieses Projektierungsstadium keine eingehenden Berechnungen erfordert, werden auch die Karten weniger ins einzelne gehend ausgeführt; sie werden deshalb allgemeine Übersichtskarten genannt.

b) Spezial-Übersichtskarten (Maßstab 1:200000—1:50000)

Sie werden für umfassende Projektschemata des Bauwesens (Straßen, Bewässerungsnetz u. ä.) oder für Schemata von Einzelbauvorhaben hergestellt.

c) Spezialkarten mittlerer Ausführlichkeit (Maßstab 1:25000—1:5000)

Sie werden für einzelne Arten des Bauwesens und einzelne Bauvorhaben ausgearbeitet, am häufigsten für die Vorplanung.

d) Spezial - Detailkarten (Maßstab 1:2000 und größer)

Sie werden für einzelne Bauvorhaben und meist im Stadium des Grundprojekts hergestellt.

6. Die ingenieurgeologischen Karten sind geologische Karten, und daher muß ihre Genauigkeit (Dichte der Beobachtungspunkte, Abmessungen der Objekte usw.) der Genauigkeit geologischer Karten gleicher Maßstäbe entsprechen.

7. Ingenieurgeologische Karten werden auf Grund vorhandener Unterlagen (Archiv- und Literaturangaben) und der Ergebnisse von Geländeaufnahmen, die durch spezielle Erkundungsarbeiten (Bohr- und Schürfarbeiten) ergänzt werden, angefertigt. Je größer der Aufnahmemaßstab ist, um so größeren Anteil haben die Erkundungs-, Versuchs- und Laboratoriumsarbeiten.

In letzter Zeit werden in der UdSSR bei der ingenieurgeologischen Aufnahme die Luftbildaufnahme, geobotanische Beobachtungen und geophysikalische Untersuchungsmethoden immer mehr angewendet.

8. Da die Verteilung der Gesteine mit bestimmten ingenieurgeologischen Eigenschaften durch die regionalen Gesetzmäßigkeiten der geotektonischen Entwicklung der Erdkruste und durch die geographische (hauptsächlich klimatische) Zonalität bestimmt wird, werden bei der ingenieurgeologischen Klassifizierung der Gesteine Formationen, geologisch-genetische Komplexe, petrographische Typen, ingenieurgeologische Arten und Abarten der Gesteine ausgeschieden (s. auch Anlage A der „Methodik").

9. Für die Projektierung von Bauvorhaben sind charakteristische gemittelte Kennwerte einer Reihe physikalisch-technischer Gesteinseigenschaften erforderlich. Durchschnittliche Werte können ohne Verstoß gegen die Gesetze der mathematischen Statistik lediglich für solche geologischen Körper (Schichten, Linsen u. ä.) errechnet werden, die folgenden drei Bedingungen entsprechen:

a) Der geologische Körper muß von gleichartiger geologischer Genese sein.

b) Er muß (vom Standpunkt der Baupraxis aus) ähnliche Kennwerte der Gesteinseigenschaften in allen Punkten aufweisen (Struktur, Textur, Zusammensetzung, Zustand).

c) Die Kennwerte der Gesteinseigenschaften sollen sich im Bereich des geologischen Körpers in der Erstreckung und Lagerung nicht gesetzmäßig verändern.

Ein derartiger geologischer Körper, der allen drei obenangegebenen Bedingungen entspricht und bei dem wir berechtigt sind, die mathematischen Regeln der Mittelung anzuwenden, erhielt die Bezeichnung ingenieurgeologisches Element. Ingenieurgeologische Elemente können nur auf großmaßstäblichen Karten und Schnitten ausgesondert werden.

10. Die Typisierung und Klassifizierung der geomorphologischen Elemente eines Geländes werden nach der Altersstellung und dem genetischen Prinzip vorgenommen.

11. Die Typisierung und Klassifizierung von physikalisch-geologischen Prozessen (Karstbildungen, Rutschungen usw.) erfolgen nach dem genetischen Merkmal, dem Alter, den Entwicklungsstadien, nach dem Zusammenhang mit Geländeformen, Gesteinsschichten und Grundwasser. Eine allgemein verbindliche Klassifikation der physikalisch-geologischen Prozesse wurde leider noch nicht ausgearbeitet, und daher legen wir der Typisierung und Klassifizierung dieser Prozesse folgendes zugrunde:

a) Einschätzung des Gefährlichkeitsgrades dieser Prozesse für die Standfestigkeit und die normale Nutzung der Bauwerke;

b) Typ der möglichen Schutzmaßnahmen;

c) Änderungen der Konstruktion von Bauwerken, die durch diese oder jene physikalisch-geologischen Prozesse bedingt werden.

12. Die Typisierung und Klassifizierung der hydrogeologischen Verhältnisse auf den ingenieurgeologischen Karten entsprechen den Anforderungen und Standards, die für die hydrogeologische Kartierung aufgestellt sind.

Auf den ingenieurgeologischen Karten werden jedoch nur die hydrogeologischen Verhältnisse dargestellt, die die Standfestigkeit eines Bauvorhabens beeinflussen können, während auf Hilfskarten alle Daten angegeben werden, die in den Richtlinien für die hydrogeologische Aufnahme vorgesehen sind.

13. Bei der ingenieurgeologischen Aufnahme wird außerordentlich beweiskräftiges Material durch die Untersuchung des Zustandes der im Gebiet bereits vorhandenen Bauwerke und durch die Analyse der Ursachen ihrer Verformung in Abhängigkeit von den ingenieurgeologischen Verhältnissen geliefert.

Die Beobachtung eines Bauwerkes und das Verhalten der Gesteine, die in seinem Einwirkungsbereich liegen, lassen sich mit dem Verlauf eines großangelegten Laboratoriumsversuches vergleichen. Diese Untersuchung als untrennbarer Teil der ingenieurgeologischen Aufnahme erlangt in der UdSSR eine immer größer werdende Bedeutung. Die Ergebnisse dieser Beobachtungen können auf einer Spezialkarte, die eine geologische Grundlage hat, dargestellt werden, so daß es möglich ist, die geologischen Ursachen der Verformung von Bauwerken zu erkennen und die konstruktiven Besonderheiten der geplanten Bauwerke entsprechend zu berücksichtigen.

14. Auf den meisten Karten wird eine territoriale Auswertung der ingenieurgeologischen Verhältnisse (im Unterschied zu den Karten der ingenieurgeologischen Verhältnisse) vorgenommen, d. h., es erfolgt eine ingenieurgeologische Rayonierung. Gewöhnlich werden bei der ingenieurgeologischen Rayonierung die Territorien nach dem Eignungsgrad für einen bestimmten

Zweig des Bauwesens und nach dem Typ jener Ingenieurmaßnahmen ausgesondert, die für die Nutzung des Territoriums erforderlich sind.

Da der Eignungsgrad und der Charakter der Maßnahmen von den ingenieurgeologischen Verhältnissen bestimmt werden, diese aber ihrerseits von der geologischen Natur des Geländes abhängig sind, werden in der UdSSR bei der ingenieurgeologischen Rayonierung folgende taxonomische Einheiten ausgeschieden: Regionen (nach geostrukturellen Merkmalen), Gebiete (nach geomorphologischen Merkmalen), Rayons (sie werden nach dem gemeinsamen Auftreten von petrographischen Gesteinstypen ausgegliedert), Bereiche (nach hydrogeologischen Bedingungen). Die weitere Einteilung des Territoriums erfolgt in Abhängigkeit vom Überwiegen dieser oder jener physikalisch-geologischen Prozesse, die auf die Standfestigkeit und die Bedingungen der Bauausführung und der Nutzung der Bauwerke einen Einfluß haben können (s. auch Anlage B und C der „Methodik").

V. Schlußbemerkungen

Eine Analyse des Standes der Methodik für ingenieurgeologische Kartierung in der UdSSR zeigt, daß noch eine Reihe von Fragen der Bearbeitung und der Vervollkommnung bedürfen. Ein bedeutender Fortschritt in dieser Richtung kann durch den Erfahrungsaustausch zwischen den Mitgliedsländern des RgW und durch die gemeinsamen Anstrengungen zur weiteren Ausarbeitung und Vervollkommnung der Methodik für die ingenieurgeologische Aufnahme, der Kartierung und der ingenieurgeologischen Untersuchungsmethoden erzielt werden.

Die Vervollkommnung der Methodik für die ingenieurgeologische Aufnahme und Kartierung muß nach unserer Ansicht in folgenden Hauptrichtungen verlaufen:

1. Ausarbeitung einer zwischen den Mitgliedsländern des RgW abgestimmten Methodik für die ingenieurgeologische Aufnahme und Kartierung sowie Ausarbeitung von Instruktionen für die Durchführung von Aufnahmen und Anfertigung von Karten in verschiedenen Maßstäben und für verschiedene Zweige des Bauwesens.

2. Ausarbeitung folgender prinzipieller ingenieurgeologischer Klassifikationsschemata:

a) strukturelle und tektonische Elemente der Erdkruste,
b) geomorphologische Elemente,
c) physikalisch-geologische Prozesse,
d) Grundwasser,
e) Gesteine.

Diese Arbeit ist von großer Bedeutung, da die Unterschiede in den vorhandenen Klassifikationen die Einheitlichkeit der Materialien stark erschweren.

3. Ausarbeitung einer einheitlichen Terminologie der Ingenieurgeologie.

4. Vereinheitlichung der Laboratoriums- und Geländeausrüstungen für die Bestimmung der Kennziffern physikalisch-technischer Gesteinseigenschaften.

5. Ausarbeitung einer Methodik sowie Einführung der Untersuchung und Analyse der Ursachen von Bauwerksschäden als untrennbarer Teil der ingenieurgeologischen Aufnahme.

6. Komplexer Einsatz der Luftbildaufnahme, geobotanischer, geophysikalischer und anderer moderner Untersuchungsmethoden bei der ingenieurgeologischen Aufnahme.

Wir freuen uns über die Möglichkeit, den Mitgliedsländern des RgW die in der UdSSR gesammelten Erfahrungen bei der ingenieurgeologischen Kartierung mitteilen zu können.

Zusammenfassung

Nachdem die Aufgaben der Ingenieurgeologie und die Untersuchungsstadien kurz erwähnt werden, geht der Bericht auf die wichtigsten Leitsätze bei der ingenieurgeologischen Kartierung in der UdSSR ein. Es werden die einzelnen Kartenarten, ihre Zielsetzung und die Grundlagen ihrer Anfertigung erläutert (Ausgangsmaterialien, Klassifikationsprinzipien, Unterteilung der Gebiete).

Abschließend werden die Hauptrichtungen der weiteren Entwicklung der ingenieurgeologischen Aufnahme und Kartierung zusammengefaßt.

Резюме

После краткого изложения задач инженерной геологии и стадий исследования доклад рассматривает важнейшие положения инженерно-геологического картирования в СССР. Излагаются отдельные виды карт, их цель и основы их составления (исходные материалы, принципы классификации, подразделение районов).

В заключение обсуждаются главные направления дальнейшего развития инженерно-геологической съемки и картирования.

Summary

After a short description of problems connected with engineering geology and stages of investigation, the article deals with the most important guiding principles observed in engineering-geological mapping in the U.S.S.R. An explanation is given of the particular types of maps, their purpose and fundamentals of compilation (basic materials, principles of classification, subdivision of areas). The author concludes with a summary description of the main tendencies in the further development of engineering-geological surveying and mapping.

Ingenieurgeologische Karten Polens für das Bauwesen

JAN MALINOWSKI, Warschau

I. Geschichtliche Übersicht und gegenwärtiger Stand der Ingenieurgeologie

Der Beginn der Ingenieurgeologie in Polen fällt in den Zeitraum zwischen den beiden letzten Kriegen. Das erste Laboratorium für Ingenieurgeologie mit dem Namen „Untersuchungsstelle für Erdbaumechanik" wurde im Jahre 1936 an der Fakultät für Geologie der Universität in Krakau gegründet. Die Unterhaltungskosten wurden aus dem Entgelt für ingenieurgeologische Gutachten bestritten.

Eine zweite Untersuchungsstelle entstand im Jahre 1938 an der Warschauer Technischen Hochschule. Sie nannte sich „Untersuchungsstelle für Ingenieurgeologie und Erdbaumechanik". Diese Stelle verfaßte das erste Gutachten für den Wasserbau in Polen. Es entsprach inhaltlich allen Forderungen, die man heute an solche Gutachten stellt.

Beide Institutionen stellten im letzten Krieg ihre Tätigkeit ein. Größere wissenschaftliche Leistungen konnten die genannten Untersuchungsstellen in dem kurzen Zeitraum ihres Bestehens nicht aufweisen. Nach Kriegsende nahm im Jahre 1945 das Laboratorium an der Krakauer Universität seine Arbeit wieder auf. Kurze Zeit darauf begann dank der Initiative von Z. WILUN auch das Institut für Bautechnik mit ingenieurgeologischen Untersuchungen.

Diese Stelle der Krakauer Universität wurde im Jahre 1947 von dem Geologischen Institut als Abteilung für Technische Geologie übernommen, die im Jahre 1949 selbständig wurde. 1946—1947 kamen folgende ingenieurgeologische Untersuchungsstellen hinzu: Das Wasserbau-Institut an der Technischen Hochschule in Gdańsk unter Leitung von Prof. Dr. R. CEBERTOWICZ und die Fakultät für Bergbau II an der Akademie für Bergbau und Hüttenkunde in Kraków unter der Leitung von Prof. F. ZALEWSKI und Prof. W. POGANY.

Gleichzeitig entstanden an den bautechnischen Fakultäten der Technischen Hochschulen in Warschau und Wrocław Laboratorien für Erdbaumechanik, die vielfach auch umfangreichere ingenieurgeologische Untersuchungen durchführten.

Die Aufgabe aller dieser Institutionen bestand in der Anfertigung von Gutachten wie auch in der Ausführung laboratoriumsmäßiger Arbeiten auf dem Gebiet der Hydrogeologie und der Ingenieurgeologie. Diese wie auch die Gutachten wurden für die Realisierung von Ingenieurbauten durchgeführt, die im Laufe des Sechsjahrplans anfielen.

1952 erfolgte der Aufbau des Staatlichen Geologischen Dienstes, der die rechtlichen Grundlagen und die Vollmachten der einzelnen Organisationsstellen festlegte.

Auf dem Gebiet der Ingenieurgeologie kam es nun zu einer gewissen Arbeitsteilung. Es entstanden ressortmäßige geologische Dienststellen. Ihre Aufgabe besteht unter anderem in der Anfertigung ingenieurgeologischer Gutachten für den Vorentwurf und für den technischen Entwurf von Ingenieurbauten verschiedener Art. 1952—1954 wurden zehn Ressortdienststellen eingerichtet, wovon die folgenden die umfangreichste ingenieurgeologische Tätigkeit aufweisen:

Geologischer Dienst des Ministeriums für Bergbau und Energetik,

Geologischer Dienst des Ministeriums für Wasserwirtschaft, „Hydrogeo",

Geologischer Dienst des Ministeriums für Bauwesen und Baumaterialien „Geoprzem".

Die übrigen Dienststellen entfalteten eine geringere Tätigkeit.

Ingenieurgeologische Untersuchungen für die Bedürfnisse der Flächenplanung wie auch Gutachten für technische Berichte großer Ingenieurbauten werden durch die „Arbeitsgruppe Ingenieurgeologie" des Geologischen Institutes ausgeführt. Diese wurde 1952 aus der Abteilung für Technische Geologie gebildet.

Die geologischen Dienststellen, die den Hochschulen angegliedert sind, wurden nicht in den Staatlichen Geologischen Dienst einbezogen. Ihre Aufgabe besteht in der Durchführung ingenieurgeologischer Untersuchungen besonderer Art, die den Bedürfnissen verschiedener Bauvorhaben entsprechen und die sie im Auftrage der Investträger durchführen. Gleichzeitig mit der Bildung des Staatlichen Geologischen Dienstes wurden drei Untersuchungsstellen an den Hochschulen eingerichtet, denen die Ausbildung von Ingenieurgeologen auf dem Gebiete der Hydrogeologie und der Ingenieurgeologie obliegt. An der Bergakademie entstand die Fakultät für Bergwerksgeologie, geleitet von Prof. Dr. R. KRAJOWSKI, deren Aufgabe die Ausbildung von Hydrogeologen und Ingenieurgeologen für den Bergbau ist.

Die Fakultät für Hydrogeologie und Ingenieurgeologie an der Technischen Hochschule in Gdańsk, unter Leitung von Prof. Dr. PAZDRO, übernahm die Ausbildung von Hydrogeologen und Ingenieurgeologen für besondere, den Bedürfnissen verschiedener Investvorhaben entsprechende Aufgaben. Auch die Fakultät für Ingenieurgeologie an der Warschauer Universität unter Leitung von Prof. Dr. W. KOWALSKI hat diese Zielsetzung.

Die Struktur des Staatlichen Geologischen Dienstes blieb bis heute erhalten. Auf den einzelnen Arbeitsgebieten erfolgten zwar gewisse Abänderungen, die grundsätzliche Organisation der einzelnen Arbeitsgebiete wie auch die Durchführung der Untersuchungen blieben aber unverändert.

II. Das Problem ingenieurgeologischer Karten für das Bauwesen

Im Zuge des Aufbaus des Staatlichen Geologischen Dienstes erfolgte eine Aufteilung des Arbeitsgebiets Ingenieurgeologie zwischen dem Geologischen Institut und dem Ressort „Ingenieurgeologische Untersuchungen". Dem Geologischen Institut, dem einzigen wissenschaftlichen Zentrum des Staatlichen Geologischen Dienstes, wurde die wissenschaftliche Bearbeitung einer Reihe ingenieurgeologischer Probleme zugewiesen. Die wichtigste Aufgabe bestand in der Anfertigung der ingenieurgeologischen Übersichtskarte von Polen im Maßstab 1:300000. Diese Karte sollte für die Bedürfnisse der Staatlichen Wirtschaftsplanung angefertigt werden. Dies geschah zu Beginn des Sechsjahrplans, der Großbauten für die Schwerindustrie vorsah. Zu dieser Zeit waren die einzelnen Gebiete Polens hinsichtlich ihrer ingenieurgeologischen Verhältnisse noch nicht genügend erforscht. Es gab keine ingenieurgeologischen Unterlagen, die man zur richtigen Standortfestlegung der geplanten Bauten verwenden konnte. Diesem Mangel sollte die Übersichtskarte abhelfen. Aus technischen Gründen begann man jedoch erst im Jahre 1955 sehr verspätet mit ihrer Anfertigung.

Die zweite Aufgabe, die dem Geologischen Institut übertragen wurde, bestand in der Herstellung von ingenieurgeologischen Spezialkarten im Maßstab 1:50000 für jene Gebiete Polens, für die genau festgelegte Flächenplanungen vorlagen. Anfänglich beabsichtigte man, Spezialkarten für das Gesamtgebiet von Polen anzufertigen. Wegen der großen Kosten und weil nicht für alle Gebiete Polens Bebauungspläne vorlagen, nahm man jedoch von diesem Vorhaben Abstand. Man beschloß, vorerst nur für gewisse Gebiete Polens ingenieurgeologische Spezialkarten herzustellen und diese den geplanten Ingenieurbauten anzupassen. Entsprechend diesem Beschluß wurden für die Bedürfnisse des Wasserbaus und der Hydroenergetik ingenieurgeologische Spezialkarten der Täler der Weichsel und des San angefertigt. Solche Spezialkarten werden auch auf kürzeren Strecken anderer Flußtäler für Flußregulierungen ausgeführt, z. B. in den Flußtälern der Przemsza, des San und anderen. Unter etwas anderen Gesichtspunkten wird die Spezialkarte für das Gebiet von Warschau angefertigt. Hier steht das Problem der Flächenbebauung, das die Standortfestlegung kleinerer Industriebauten und der Vorstadtsiedlungen einschließt, im Vordergrund. Ein weiteres Problem stellt die Regulierung der Flüsse Weichsel und Bug und der damit verbundenen Bauten von Schiffahrtskanälen und anderen Wasserbaueinrichtungen dar. Diese ingenieurgeologische Spezialkarte muß somit nach den Bedürfnissen der Flächenplanung wie auch des Wasserbaus gestaltet werden.

Für das Industriegebiet von Oberschlesien wird eine ingenieurgeologische Spezialkarte nach Gesichtspunkten der Flächenplanung hergestellt. Die Notwendigkeit dieser Karte ergab sich aus dem großen Entwicklungsfortschritt der Industrie, der die Errichtung weiterer Industrieanlagen auf dem vom Bergbau unberührten Gelände unerläßlich erscheinen läßt. Infolge auftretender Bergschäden bestehen für das Bauwesen beschränkte Lokalisierungsmöglichkeiten, hauptsächlich im zentral gelegenen Teil von Oberschlesien. Die Karte wird die ingenieurgeologischen Verhältnisse der Flächenplanung darstellen, wobei besonderer Nachdruck auf die gegenwärtigen wie auch auf die künftig zu erwartenden Bergschäden gelegt wird, da diese das wichtigste Problem der Bebauung Oberschlesiens sind. Spezialkarten für kleinere Gebiete nach den Bedürfnissen anderer Ingenieurbauten sind derzeit von untergeordneter Bedeutung.

1. Die Methode der Anfertigung der ingenieurgeologischen Übersichtskarte Polens 1:300000

Bei der Festlegung der Methode für die Gestaltung der Übersichtskarte galt als Prinzip, daß sie auf der Grundlage des geologischen Baues und der ingenieurgeologischen Verhältnisse der betreffenden Gebiete Polens zusammengestellt werden sollte. Zusätzliche Geländeaufnahmen wurden nicht durchgeführt. Jede zusätzliche Laboratoriumsuntersuchung hätte die Anfertigung der Übersichtskarte beträchtlich verzögert. Deshalb war man gezwungen, sich mit den vorhandenen Unterlagen zu begnügen.

Diese bestanden in der Geologischen Karte von Polen im Maßstab 1:100000; in gedruckten oder in Archiven aufbewahrten, nicht veröffentlichten Arbeiten; in Berichten und Notizen, die bei der Ausführung feldmäßiger Untersuchungen angefertigt wurden, u. dgl. mehr. Der Umfang dieser Unterlagen war für die einzelnen Kartenblätter nicht der gleiche. In manchen Fällen war man gezwungen, aus den bekannten ingenieurgeologischen Verhältnissen der Nachbargebiete Rückschlüsse zu ziehen.

Weiter wurde eine einheitliche Einteilung der geologischen Tatsachen nach gesicherten Kriterien verlangt. Man klassifizierte die geologischen Gegebenheiten nach ihrer Genese und nach lithologischen Gesichtspunkten. In manchen Fällen wurde auch besonderer Wert auf die Gestaltung der Geländeoberfläche gelegt; die Neigung des Geländes wurde dann in der Spezialkarte dargestellt. Geologische Gegebenheiten gleicher Genese und gleicher lithologischer Merkmale wurden zu ingenieurgeologischen Einheiten zusammengefaßt. Dies erscheint gerechtfertigt, weil geologische Gegebenheiten gleicher Genese und Charakteristik auch ingenieurgeologisch die gleichen Verhältnisse zur Folge haben. Dies gilt insbesondere dann, wenn man auch die durch die Ausführung des geplanten Baues zu erwartende Änderung der ingenieurgeologischen Verhältnisse berücksichtigen will. Letzteres ist von besonderer Bedeutung für Quartärböden. Vor allem kommt es hier darauf an, sich auf geologisch-dynamischer Grundlage ein klares Bild über den Wasserhaushalt und über die Nachgiebigkeit des Bodens zu verschaffen.

Die geologischen Gegebenheiten auf dem Gesamtgebiet Polens wurden in dreißig ingenieurgeologische Einheiten eingeteilt. Jede Einheit hat auf der Übersichtskarte eine bestimmte Farbe und ist mit einem Zahlensymbol bezeichnet.

Die Erläuterungen am Rande der Karte geben eine knappe Charakteristik der einzelnen Einheiten. Der Einheit mit der Bezeichnung: „Gebiet der kiesig-steinigen Stirnmoräne, Symbol 13" ist z. B. die Erläuterung: „Bauverhältnisse gut" beigefügt, die besagt, daß in diesem Gebiete bei der Fundamentierung von Bauanlagen grundsätzlich keine Schwierigkeiten zu erwarten sind. Die Einheit: „Gebiet des Geschiebelehms mit Böschungsneigungen 0—3%" wird erläutert mit „Baugrundverhältnisse gut, verschlechtern sich bei Anstieg des Wassergehalts".

Für jedes Blatt der Karte wurde ein Erläuterungsbericht verfaßt, der von der Übersichtskarte untrennbar ist. Jeder dieser Berichte besteht aus zwei Teilen. Der erste gibt eine kurzgefaßte Beschreibung des geologischen Baues des Gebietes, seiner Stratigraphie, Tektonik und Geomorphologie. Der zweite führt in die geologischen Verhältnisse des betreffenden Blattes ein. Dieser Teil enthält eine sehr genaue Beschreibung der jeweiligen ingenieurgeologischen Einheiten. Diese gliedert sich wie folgt:

a) Lithologie und Stratigraphie. Kurze stratigraphische Beschreibung der einzelnen Schichten des betreffenden Gebietes und ihre lithologische Charakteristik.

b) Gestaltung und Ausdehnung der Geländeoberfläche. Angaben über die Böschungsneigungen, den Zusammenhang zwischen den einzelnen Elementen der Geländeoberfläche und ihrem Untergrund; Beschreibung der Faktoren, die eine fortdauernde Änderung der Oberflächengestaltung des Geländes bewirken.

c) Grad der geologischen Komplikation — Tektonik. Charakteristik der Schichtenanordnung, Wechsel der Schichtenart, Art der tektonischen und sedimentären Lagerungsstörungen, Art der Deformationen (ständige und unbeständige) und allgemeine Charakteristik der tektonischen Elemente.

d) Wasserverhältnisse. Lage des ersten Grundwasserhorizontes, Verlauf des Grundwasserspiegels und hydrostatischer Wasserdruck, Durchlässigkeit und Ergiebigkeit wasserführender Schichten. Gegebenenfalls wird auch über die tieferen Grundwasserhorizonte berichtet.

e) Ingenieurgeologische Verhältnisse. Die hauptsächlichen physikalischen und mechanischen Eigenschaften der Gesteine. Kornzusammensetzung der nach der gesetzlichen Norm für das Bauwesen benannten einzelnen Gesteine, Konsistenz, Dichte, natürlicher Wassergehalt, Zusammendrückbarkeit (Setzung), zulässige Belastung u. a. Falls die vorhandenen Unterlagen nicht ausreichen, um die Baugrundeigenschaften des betreffenden Gebietes zu bestimmen, werden aus den Eigenschaften gleichartiger Gesteine des Gebietes der benachbarten Karte Rückschlüsse gezogen. Derartige Angaben haben selbstverständlich nur Orientierungswert. Es werden auch die Ansichten über den weiteren Verlauf der geologisch-dynamischen Prozesse und über die dadurch bedingte Änderung der ingenieurgeologischen Verhältnisse des betreffenden Gebietes erörtert.

f) Allgemeine Charakteristik des Gebietes. Begutachtung der Eignung zur Bebauung, untergliedert nach den einzelnen Arten des Bauwesens. Es werden entsprechend den gegebenen ingenieurgeologischen Verhältnissen die zweckmäßigsten Methoden der Gründung, nötigenfalls auch der Baugrundverbesserung, angegeben. Über das Verhalten des Baugrundes, sowohl während der Bauausführung wie auch während der Nutzung der Bauten, werden Angaben gemacht.

Der geologische Bau einer jeden ausgeschiedenen ingenieurgeologischen Einheit wird durch ein synthetisches Profil dargestellt. Auf diesem werden gezeigt: die Lagerung, die Stratigraphie der Schichten, die Grenzen alter Erosionsformen und andere Elemente, die für das geologische Profil charakteristisch sind. Die Konstruktion des synthetischen Profils ist grundsätzlich beliebig; sie muß jedoch die wichtigsten geotechnischen Elemente des Gebietes möglichst klar verbildlichen. Jedem Erläuterungsbericht sind ein oder zwei geologische Längsschnitte zur Veranschaulichung des geologischen Baues beigefügt.

Der Erläuterungsbericht überschreitet in gewissem Sinne die Grenzen einer Übersicht und umfaßt viele ingenieurgeologische Spezialprobleme. Eine so weitgreifende Auffassung der Problematik soll der Karte weite Möglichkeiten für die praktische Verwertung sichern. Sie kann von den Organen der Wirtschaftsplanung, aber auch von den ingenieurgeologischen Betrieben benutzt werden und ermöglicht die Projektierung von ingenieurgeologischen Spezialuntersuchungen. Die Karte kann auch als Grundlage der Trassenführung von Eisenbahnen, Straßen, Schiffahrts- und Bewässerungskanälen im Stadium der Vorplanung verwertet werden.

Die Zusammenstellung der Übersichtskarte Polens befindet sich im Endstadium. Bisher wurden für das Gesamtgebiet Polens siebenundzwanzig Blätter fertiggestellt und einundzwanzig Erläuterungsberichte verfaßt.

2. Methoden der Zusammenstellung ingenieurgeologischer Spezialkarten im Maßstab 1:25000 und 1:50000

Die Methodik für die Zusammenstellung der Spezialkarten stützt sich auf die von der Abteilung für Ingenieurgeologie des Geologischen Instituts ausgearbeitete Instruktion. Diese auf Grund eigener, in den Nachkriegsjahren gewonnener Erfahrungen wie auch des Studiums der technischen Literatur, insbesondere des Werkes von I. W. POPOW, verfaßte Instruktion trägt den Titel „Methodik der Anfertigung ingenieurgeologischer Karten". Die Instruktion ist nicht streng bindend und läßt dem Bearbeiter viele Freiheiten bei der Zusammenstellung der Karte. Dies betrifft insbesondere die graphische Gestaltung. Die Instruktion ist nur allgemein verbindlich und stellt keine besondere Richtlinie für die einzelnen Arten des Bauwesens dar. Sie betont jedoch ausdrücklich, daß der Inhalt der Karte den Bedürfnissen des Bauwesens angepaßt werden muß, für die die Karte angefertigt wird. Die Instruktion gibt die Grundlagen für die Ausführung ingenieurgeologischer Geländeaufnahmen und der Laboratoriums- und Büroarbeiten.

Die ingenieurgeologische Aufnahme

Je nach dem Grad der Kenntnis des Geländes sind zwei Arten der ingenieurgeologischen Aufnahme zu unterscheiden. Falls geologische und hydrogeologische Aufnahmen vorhanden sind, beschränkt sich die ingenieurgeologische Aufnahme auf die Durchführung genauer Beobachtungen und geotechnischer Untersuchungen. Falls dagegen keinerlei Aufnahmen existieren, wird eine sogenannte Komplexaufnahme durchgeführt. Dieselbe schließt drei Aufnahmen ein, nämlich eine geologische, eine hydrogeologische und eine ingenieurgeologische, die gleichzeitig vorgenommen werden.

In der Anfangsperiode der ingenieurgeologischen Aufnahmen führte man Komplexaufnahmen durch, da zu dieser Zeit geologische Spezialaufnahmen überhaupt noch nicht existierten. Erst seit 1956 erschienen geologische Karten, auf die vielfach die ingenieurgeologische Kartierung aufbaute.

Für die Ausführung ingenieurgeologischer Aufnahmen bestimmt die Instruktion folgendes:

a) Überprüfung der Grenzen der geologischen Aufnahme und Trennung der stratigraphischen Horizonte in lithologisch-genetische Gruppen, soweit dies bei der geologischen Aufnahme nicht geschehen ist.

b) Klassifikation der Gesteine nach den Richtlinien der Polnischen Norm PN-54/B—02480, wodurch die Karte den bautechnischen Bedürfnissen angepaßt und den Bauingenieuren zugänglich gemacht wird.

c) Beschreibung und Angaben über die beobachteten geologisch-dynamischen Prozesse (Erdrutschungen, Karstbildung, Erosion, Akkumulation, Suffusion) mit der Feststellung ihres weiteren Verlaufs und dessen Geschwindigkeit, ferner die Auswirkung auf das nächstgelegene Gebiet.

d) Beschreibung und zweckdienliche Angaben über die Veränderung der Geländeoberfläche, die durch Eingriff des Menschen in die Naturverhältnisse hervorgerufen wurde, wie: bergmännisch abgebaute Felder verschiedenen Typs, Halden, Aufschüttungen, Bergschäden, Durchsickern des Wassers unter Wasserschutzdämmen, Frostaufbrüche, Standfestigkeit von Einschnitten, zusätzliche Setzungen makroporöser Böden.

e) Analyse und Beschreibung der morphologischen Formen. Erklärung ihres Zusammenhanges mit dem Untergrund und Ausscheidung der charakteristischen morphologischen Gliederungselemente, wie Terrassen, Schuttkegel, steile Böschungen u. a.

f) Wasserbeobachtungen: Beschreibung der Quellen und sämtlicher Wasseraustritte; Messungen des Wasserdruckes, der Filtration und Ergiebigkeit wasserführender Schichten. Bestimmung der Mineralisation des Wassers.

Je nach dem Zweck der ingenieurgeologischen Aufnahme werden nötigenfalls zusätzliche Untersuchungen durchgeführt. Dazu gehört die feldmäßige Bestimmung des Wasserdurchlässigkeitsfaktors der nichtbindigen Schichten. Die Filtration felsiger Gesteine wird durch Eingießen bestimmter Wassermengen in die Bohrlöcher ermittelt. Es seien noch die Probebelastung makroporöser Gesteine und Versuche künstlicher Baugrundverfestigung genannt, die vor allem für die Bedürfnisse des Wasserbaues und gewisser Industriebauten ausgeführt werden. Derartige Untersuchungen werden an gewissen Stellen der zu untersuchenden Varianten vorgenommen, um die günstigen oder ungünstigen Baugrundverhältnisse zu bestimmen und so die richtige Wahl des Standortes für die geplanten Bauten zu ermöglichen. Bei Aufnahmen für die Bedürfnisse der Flächenplanung sind keine Sonderuntersuchungen erforderlich.

Die Genauigkeit der Aufnahme ist von der Anzahl der Beobachtungspunkte abhängig. Eine Norm hierfür besteht in Polen noch nicht. In der Praxis werden die Normen der Sowjetunion angewendet, die drei bis fünf Beobachtungspunkte auf 1 km² vorschreiben, je nach dem Grad der geologischen Kompliziertheit des zu untersuchenden Gebietes.

Zu den Beobachtungspunkten werden gezählt: natürliche Aufschlüsse, Bohrlöcher, Schürfe und Bohrsonden. Die Bohrungen werden für das geologische Profil vorgenommen, das derart anzulegen ist, daß es die charakteristischen Merkmale des geologischen Baues erfaßt. Die Tiefe der Bohrungen hängt u. a. von der geologischen Ungleichartigkeit der Schichten ab.

Falls das zu untersuchende Gelände eine nicht allzu mächtige Quartärdecke aufweist, durchstößt man sie und bohrt ihre Unterlage an. Wenn dagegen diese Deckschicht von großer Mächtigkeit ist, so entscheidet das Profil der quartären Sedimente über die Bohrtiefe. In manchen Fällen kann diese einige Dutzend Meter erreichen. Dann versucht man, wenigstens an einigen Punkten die Unterlage des Quartärs zu untersuchen.

Außer den Bohrungen werden vielfach auch Bohrsondierungen angewendet, die eine Durchschnittstiefe von 10 m erreichen. Bohrsonden haben praktische Bedeutung, da sie reichliches Dokumentationsmaterial liefern, das ein genaueres Erkennen tiefer gelegener Teile des geologischen Profils und damit die Anfertigung von Anlagen zu der Spezialkarte ermöglicht, wie: Karte der Mächtigkeit der quartären Deckschichten, Karte der tieferen Horizonte, z. B. 4 oder 10 m unter der Geländeoberfläche.

Schürfe werden weniger angewendet, da sie infolge ihrer geringen Tiefe keine Möglichkeit zum Erkennen tiefer gelegener Teile des geologischen Profils bieten. Sie werden gewöhnlich bis zu einer Teufe von 2 bis 3 m durchgeführt. Tiefere Schürfe erfordern einen Ausbau, was zusätzliche technische Schwierigkeiten verursacht. An der Sohle der Schürfgrube werden oft Bohrsondierungen vorgenommen.

An den Aufschlüssen werden sachgemäß Proben entnommen, die zur Bestimmung der physikalischen und mechanischen Eigenschaften der Gesteine verwendet werden. Die Zahl der zu entnehmenden Proben hängt von der Wechselhaftigkeit des geologischen Profils ab. Aus jeder Schicht werden Proben entnommen. Wenn die Schichten von bedeutender Mächtigkeit sind, werden Proben in Abständen von je 1 m entnommen, vorausgesetzt, daß in kleineren Abständen keine wesentlichen Unregelmäßigkeiten bezüglich der Zusammensetzung oder der Konsistenz des Bodens auftreten. Für Untersuchungen im Prüfraum werden dreierlei Arten Proben entnommen. Ungestörte Bodenproben dienen zur Bestimmung der mechanischen Eigenschaften, gestörte, gegen Änderungen des natürlichen Wassergehaltes gesicherte Bodenproben werden zur Bestimmung der physikalischen Eigenschaften verwendet. Gestörte Bodenproben ohne Sicherung gegen Wasserverlust, die man in entsprechend dimensionierten Holzkistchen aufbewahrt, werden für geologische Untersuchungen benötigt. Die Anzahl der im Laboratorium zu untersuchenden Proben ist von der Änderung des geologischen Profils und von der Art und Größe des geplanten Bauwerkes abhängig. Allgemein wird der Grundsatz verfolgt, daß alle ungestörten Proben sowohl auf die physikalischen wie auch die mechanischen Eigenschaften hin geprüft werden; dagegen können die Untersuchungen gestörter Proben mit gesichertem Wassergehalt in manchen Fällen sogar bis auf 50% reduziert werden.

Felduntersuchungen

Für die Kartierung wird eine aus fünf Personen bestehende Aufnahmegruppe gebildet. Zu dieser gehören zwei Geologen und drei Techniker, die eine mehrjährige Praxis bei der Geländeaufnahme nachweisen können. Die Gruppe stellt zwei bis vier Arbeiter für Erdarbeiten, Schürfgruben und Bohrsondierungen an.

Die Felduntersuchungen sind nicht genormt. Gestützt auf die bisherigen Erfahrungen wird angenommen, daß eine aus fünf Personen bestehende Aufnahmegruppe in der Sommersaison, also in einem Zeitraum von 5 Monaten, für ein Gebiet von etwa 160 km^2 die hydrogeologische und geologische Aufnahme im Maßstab 1:25000 oder 1:50000 bei laufender Auswertung der Dokumentationsunterlagen durchführen kann.

Hausarbeiten

Die Hausarbeiten beginnen nach Beendigung der Geländearbeiten. Das Reinblatt wird in zwei Exemplaren angefertigt. Am Rande der Karte wird die Legende aufgetragen. Die Unterlagen werden wie folgt zusammengestellt:

a) Anfertigung der Dokumentationskarte, auf die alle Beobachtungspunkte einschließlich jener, an denen Spezialuntersuchungen ausgeführt wurden, aufgetragen werden.

b) Anfertigung der Baugrundkarte. Auf dieser werden die verschiedenen Gesteine nach den polnischen Normen in genetisch-lithologische Gruppen zusammengefaßt, z. B.:

Bindige Gesteine glazialer Entstehung:
- lehmige Sande,
- Schluff und sandiger Schluff,
- schluffige Lehme.

Nichtbindige Gesteine glazialer Herkunft:
- schluffige Feinsande,
- Fein- und Mittelsande,
- Sande mit Kies und Blöcken.

Die Symbole sind die durch die polnische Norm vorgeschriebenen.

Die Instruktion gibt keine Klassifikation der Gesteinsarten für das Gebiet Polens an, sie empfiehlt nur die Anwendung des genetischen Prinzips, wie das obige Beispiel zeigt. Damit wird derselbe Zweck wie bei der Übersichtskarte verfolgt.

Auf dieser Karte werden Oberflächengesteine und solche, die 2 m unter der Geländeoberfläche liegen, gekennzeichnet. Dieser Grundsatz gilt für jede Karte. Die Gesteine an der Geländeoberfläche werden mit einer Farbe angelegt und mit einem Symbol versehen. Solche, die in 2 m Teufe liegen, werden durch farbige Schraffierungen kenntlich gemacht und erhalten ein Symbol in der Farbe der Schraffur.

In manchen Fällen, je nach dem Zweck derselben, werden auch Karten tiefer gelegener Horizonte angefertigt, z. B. für den Horizont 6 oder 10 m unter der Geländeoberfläche oder für noch tiefer gelegene Horizonte, falls die dazu nötigen Unterlagen vorhanden sind. Oft werden auch Karten über die Mächtigkeit des Quartärs oder die Schichten unmittelbar unter dem Quartär zusammengestellt. Das ist bis jetzt für einige Strecken des Weichseltales und für Oberschlesien geschehen.

Auf diese Karte sind auch die morphologischen Elemente, mit römischen Ziffern gekennzeichnet, aufgetragen. Die Grenzen werden mit Linien von 0,75 mm Dicke gezogen. In manchen Fällen wird auch das Gefälle des Geländes in Prozenten angegeben. Flächen gleicher Neigung werden mit einer dünnen gestrichelten Linie umgrenzt, in der Mitte jeder Fläche wird die Neigung eingetragen. Sie wurde auf den bis jetzt angefertigten Karten in folgenden Intervallen angegeben: 0—2%, 2—5%, 5—10%, 10—15%, 15—20% und über 20%.

Auf der zweiten Karte wird das Gelände nach der Eignung als Baugrund für die gegebene Art des Bauwerks eingeteilt. Dabei sind folgende Faktoren maßgebend:

a) die mechanischen Eigenschaften der Gesteine,
b) der Grad der geologisch-dynamischen Prozesse,
c) die Tiefenlage des ersten Grundwasserhorizonts.

Auf Karten für Zwecke des Wasserbaus werden Gebiete mit großer Wasserdurchlässigkeit abgegrenzt. In Bergbaugebieten wird die voraussichtliche Senkung der Geländeoberfläche nach völligem Abbau der Lagerstätten in Betracht gezogen. Bei der Einteilung des Geländes in ingenieurgeologische Einheiten sind viele Freiheiten eingeräumt. Entscheidend sind die Anforderungen und Bedürfnisse des jeweiligen Bauwerks.

Nachstehend mehrere Beispiele der Erläuterung der Karte und der Einteilung des Geländes in ingenieurgeologische Einheiten:

Gebiet A
Baugrundverhältnisse: schlecht
Charakteristik: schlechte ingenieurgeologische Verhältnisse

schließen praktisch die unmittelbare Fundamentierung jeglicher Bauten aus, und zwar aus folgenden Gründen:

a) das Auftreten von Sumpf und Torf ergibt eine sehr geringe Tragfähigkeit (bis höchstens 0,5 kg/cm²);

b) bergmännische Bruchfelder, Oberflächensenkungen, Halden, Aufschüttungen und ständige Unterschwemmung des Geländes. Falls eine Bebauung unumgänglich ist, müssen die Baugrundverhältnisse künstlich verbessert und die Konstruktion der Bauten dem angepaßt werden.

Gebiet B
Baugrundverhältnisse: gut
Charakteristik: Die Bedingungen für Bauvorhaben aller Art sind günstig aus folgenden Gründen:

a) Gesteine großer Tragfähigkeit, von 3—5 kg/cm², wie Geschiebelehm, feste Tone und Mergel;
b) vollkommen flache Geländeoberfläche;
c) über 20 m tiefer Grundwasserspiegel.

Der Erläuterungsbericht enthält die Beschreibung der einzelnen Elemente beider Karten: das stratigraphische Profil, die genetisch-lithologischen Merkmale der Gesteine und ihre Klassifikation, geologisch-dynamische Prozesse, physikalische und mechanische Eigenschaften der Gesteine, Ergebnisse der Spezialuntersuchungen. Als Anlagen werden bildliche Darstellungen, ingenieurgeologische Längsschnitte, Zeichnungen und statistische Zusammenstellungen sowie Tabellen über die Ergebnisse der Laboratoriums- und anderer Untersuchungen hinzugefügt.

3. Ingenieurgeologische Spezialkarten im Maßstab 1:10000 bis 1:2000

Spezialkarten in diesen Maßstäben werden in Verbindung mit ingenieurgeologischen Gutachten für große Bauwerke angefertigt. Sie werden bei der Entwurfsbearbeitung im Stadium des Vorentwurfes oder des technischen Entwurfes verwertet. Für Karten in diesem Maßstab bestehen keine Vorschriften, dagegen ist die Ausführung des ingenieurgeologischen Gutachtens durch die Verordnung des Präsidenten des Geologischen Zentralamtes geregelt worden.

Grundsätzlich werden diese Karten analog den Spezialkarten im Maßstab 1:25000 und 1:50000 gestaltet, mit dem Unterschied jedoch, daß hier die Einteilung in ingenieurgeologische Einheiten mehr spezialisiert wird. Es wird hier auch größerer Wert auf die Bestimmung der physikalischen und mechanischen Eigenschaften der Gesteine gelegt.

Derartige Spezialkarten werden vorwiegend für die Bedürfnisse der Flächenbebauung, für den Ausbau der Städte und die Anlage neuer Siedlungen, für Bauten der Schwerindustrie, für Wasserbauanlagen wie Stauwerke und solche zur Ausnutzung der Energie fließender Gewässer wie auch für Bewässerungszwecke angefertigt.

III. Schlußfolgerungen für die weitere Gestaltung ingenieurgeologischer Karten

Auf Grund der bis jetzt angefertigten ingenieurgeologischen Karten verschiedener Maßstäbe und Bauzwecke werden folgende Schlußfolgerungen gezogen:

1. Zweckmäßig ist die Anfertigung von Übersichtskarten in kleinem Maßstab; denn diese sind bei allen Arten von Bauinvestitionen praktisch verwendbar. Durch diese Karten wird die Planung von Investvorhaben bei ungünstigen ingenieurgeologischen Verhältnissen ausgeschlossen, was von großer ökonomischer Bedeutung ist.

Von dieser Tatsache ausgehend, beabsichtigt das Geologische Institut, manche Blätter der Übersichtskarte 1:300000 nach den neuesten Unterlagen zu überarbeiten und sie inhaltlich durch komplexe Behandlung der ingenieurgeologischen Probleme für alle Arten des Bauwesens zu bereichern. Die geplante Neuauflage betrifft jene Blätter, auf deren Gebiet mit einem ständigen Anwachsen der Bautätigkeit zu rechnen ist.

2. Unzweckmäßig ist es, für große Gebiete ingenieurgeologische Spezialkarten im Maßstab 1:50000 oder 1:25000 anzufertigen, da z. Z. kein Bedarf dafür vorliegt. Spezialkarten sollen für jene Gebiete angefertigt werden, für die präzisierte Bebauungspläne vorliegen. Dazu gehören in Polen solche, in denen eine Flußregulierung und die Ausnutzung der Wasserkräfte geplant ist, z. B. die Täler der Karpatenflüsse und das Tal der Weichsel. Von den anderen Gebieten, die bebaut werden sollen, seien das schon erwähnte Gebiet von Oberschlesien, die Gegenden von Warschau und Krakau und einige Strecken der Meeresküste genannt. Für die übrigen Gebiete Polens bestehen in nächster Zeit keine Aussichten für die Anfertigung von Spezialkarten. Wie die Erfahrung gezeigt hat, sind die Kosten einer Spezialkarte für manche Gebiete viel zu hoch im Verhältnis zu ihrem praktischen Nutzen.

3. Die Anfertigung der Spezialkarte darf nicht durch die Instruktion beeinträchtigt werden. Zu strenges Festhalten an der Instruktion würde zur Schablone führen. Erwünscht ist eine Rahmeninstruktion, die allgemeine Richtlinien für die Methodik, die technische Organisation und die Ausführung der Feld- und Hausarbeiten angibt. Solche Richtlinien bilden einen wichtigen Faktor für die Verbesserung der Feldarbeiten. Mangelhafte Organisation der Feldarbeiten setzt den Wert der Untersuchungen herab. Es kommt hier hauptsächlich auf die technische Basis an, die bisher nicht immer den an solche Untersuchungen gestellten Anforderungen entsprach. Was die Hausarbeiten anbelangt, ist eine Vereinheitlichung der Signaturen und der Form der Zusammenstellung erforderlich. Dies bezieht sich insbesondere auf die Karten, die gedruckt werden.

4. Die Anfertigung der Spezialkarten wird nur mittelbar durch Vorschriften des Zentralamtes für die Ausführung ingenieurgeologischer Gutachten für die Bedürfnisse der Bauinvestitionen geregelt.

Diese Schlußfolgerungen werden bei der Anfertigung von ingenieurgeologischen Karten vom Geologischen Institut schrittweise realisiert, wobei die Arbeiten auf die Gebiete konzentriert werden, für die konkrete, aus der Wirtschaftsplanung hervorgehende Bebauungspläne bereits vorliegen.

Ein Beweis für die Richtigkeit der angenommenen Arbeitsrichtung ist die Tatsache, daß die Zusammenarbeit mit den einschlägigen Ressorts immer enger wird und daß diese einen Teil der Untersuchungskosten decken und die Ausführung der Arbeiten weitgehend unterstützen.

Zusammenfassung

In der Volksrepublik Polen sind für das ganze Land ingenieurgeologische Übersichtskarten im Maßstab 1:300000 vorhanden. Ingenieurgeologische Karten im Maßstab 1:50000 und 1:25000 werden für besondere Schwerpunkte angefertigt. Für beide Kartentypen liegen methodische Richtlinien vor, an deren Ausarbeitung verschiedene Institutionen mitgewirkt haben. Die Kartierungsarbeiten werden vom Geologischen Institut des Geologischen Zentralamtes durchgeführt.

Резюме

В Польской Народной Республике для всей страны имеются инженерно-геологические обзорные карты масштаба 1:300000. Инженерно-геологические карты масштаба 1:50000 и 1:25000 составляются для особенно важных объектов. Для обоих типов карт имеются методические указания, в разработке которых участвовали разные учреждения. Картировочные работы проводятся Геологическим институтом Центрального геологического управления.

Summary

In the People's Republic of Poland general engineering-geological maps drawn to a scale of 1:300000 are available for the whole country, while for special purposes the scales used are 1:50000 and 1:25000. Methodical directions concerning both types of maps have been worked out by various institutions in a combined effort. Mapping is carried out by the Geological Institute of the Central Geological Office.

Bericht über den Stand der ingenieurgeologischen Kartierung in der ČSSR

František Prokop, Prag

Mit der Methodik der ingenieurgeologischen Kartierung beschäftigt man sich in der Tschechoslowakischen Sozialistischen Republik systematisch erst seit 1958/1959.

Bis zum Jahre 1958 wurde die ingenieurgeologische Kartierung besonders als Forschungsgrundlage für eine Gebietsplanung und für Wasser- und Kraftwerksbauten durchgeführt. Die Kartierung und die ingenieurgeologische Auswertung geologischer und geomorphologischer Elemente bildeten die Grundlage der Projektierung beim Aufbau von Stadtteilen sowie beim Aufbau von Wasserkraftwerken. Mit der Methodik der urbanistischen Geologie und der Ingenieurgeologie beschäftigen sich in der Tschechoslowakischen Sozialistischen Republik nur wenige Fachleute. Eine einheitliche Bearbeitung begann nach der Entwicklung der Methodik der urbanistischen Geologie (Žebera), die auch publiziert wurde und den Tagungsteilnehmern bekannt ist. Einige der bei den Arbeiten nach dieser Methodik in mehreren Städten gewonnenen Ergebnisse wurden in der Zeitschrift „Geotechnika" veröffentlicht. Daraus ist ersichtlich, daß diese Methodik nicht so weit entwickelt ist, daß sie für eine systematische ingenieurgeologische Kartierung ausreicht. Doch der damaligen Zeit und der gestellten Aufgabe wurde diese ingenieurgeologische Auswertung gerecht. Ihre Grundlage bildete die Beschreibung der Gesteine, sowohl die der Oberflächenformation als auch die der Festgesteine. Die Tiefe und die Lagerung der einzelnen Gesteine wurde durch die Streifenmethode bzw. durch Schraffur dargestellt. Weniger Aufmerksamkeit widmete man den technischen Eigenschaften der Gesteine, den hydrogeologischen Verhältnissen und den natürlichen Baumaterialien. Bei Wasserbauanlagen bildeten ingenieurgeologische Karten im Maßstab 1:5000 und größer die Grundlage für die Projektierung von Staudämmen. Im Übersichtsmaßstab (1:25000 und 1:75000) wurden für wasserwirtschaftliche Zwecke meist nur geologische Karten angefertigt; allerdings erfolgte eine ingenieurgeologische Auswertung der technischen Eigenschaften der Gesteine. In einigen Stromgebieten (besonders in der Slowakei) wurden Kartierungen für den Bau von Staudämmen durchgeführt. Die genannten Kartierungsarten und die ingenieurgeologische Auswertung des Gebietes wurden jeweils unter Berücksichtigung einer bestimmten Bauart durchgeführt.

Auch beim Erd- und Verkehrsbau kartierte man das Gebiet nicht ingenieurgeologisch. Man beschränkte sich auf eine ausführliche geologische Kartierung und auf die Untersuchung der Gesteine von Oberflächenformationen für ihre technische Verwendbarkeit.

Eine systematische Kartierung und Auswertung der Oberflächenformationen entwickelte sich aus einer pedogeologischen Kartierung im Maßstab 1:75000 und einer teilweisen Auswertung der Gesteine. Diese Übersichtskarten sollten hauptsächlich der Planung dienen. Die Genese sowie die Eigenschaften der Gesteine von Oberflächenformationen wurden nach der Streifenmethode dargestellt, die bei dem Maßstab 1:75000 für unser Gebiet geeignet erschien.

Seit dem Jahre 1959 beschäftigen wir uns systematisch mit der ingenieurgeologischen Kartierung, weil diese Karten vom Bauwesen wegen ihrer vorteilhaften, übersichtlichen und anschaulichen Darstellung der geologischen Gegebenheiten und der technischen Eigenschaften des Bodenmilieus immer mehr gefordert werden. Folgende Institutionen beschäftigen sich z. Z. mit der Methodik der ingenieurgeologischen Kartierung:

a) die mehr theoretisch ausgerichtete Arbeitsstelle des ingenieurgeologischen Laboratoriums bei der Tschechoslowakischen Akademie der Wissenschaften;

b) die Arbeitsstellen des Geologischen Zentralamtes (Geologisches Zentralinstitut und Baugeologiebetriebe in Prag und in Žilina), die besonders die praktischen Arbeiten durchführen. Sie wenden die Methode der ingenieurgeologischen Darstellung der geologischen Verhältnisse und der technischen Eigenschaften der Gesteine an.

Die beiden Arbeitsstellen konsultieren einander, wenn sich auch jede selbständig mit der Methodik der ingenieurgeologischen Kartierung beschäftigt, was durch die wesentlichen Verschiedenheiten der einzelnen geologischen Gebiete bedingt ist. Die unter b) genannten Arbeitsstellen wurden mit Rücksicht auf den komplizierten geologischen Bau des Gebietes der ČSSR und mit Rücksicht auf die dort üblichen Bauarten gewählt.

Da an der Methodik der ingenieurgeologischen Kartierung noch gearbeitet wird, liegen z. Z. noch keine vollwertigen Ergebnisse vor. Nur die Arbeitsstelle des ingenieurgeologischen Laboratoriums bei der Tschechoslowakischen Akademie der Wissenschaften, die verschiedene Gebiete, in denen schon vorher technische Arbeiten durchgeführt worden sind, ingenieurgeologisch bearbeitet hat, konnte eine ingenieurgeologische Karte im Maßstab 1:25000 herstellen. Die Arbeitsstelle des Geologischen Zentralinstituts führte im Flußgebiet der Obermoldau (Vltava) 1958/59 geologische und ingenieurgeologische Kartierungen durch. Für die zweite Etappe der ingenieurgeologischen Erkundung waren im Jahre 1960 technische Arbeiten, Auswertung und Laboratoriumsversuche vorgesehen, so daß die ingenieurgeologische Karte des Gebietes erst Anfang 1961 erscheinen kann.

Die bisherigen Erfahrungen und die zur Vorbereitung der ingenieurgeologischen Karte durchgeführten Versuche zeigen folgendes:

1. Für die ingenieurgeologischen Karten in unserem geologisch verhältnismäßig komplizierten Gebiet ist nur ein größerer Maßstab geeignet. Ein Übersichtsmaßstab (klein) — wie er für die Kartierung des gesamten Staatsgebietes verwendet wird — erscheint uns ungeeignet, da eine solche Karte die ingenieurgeologischen Eigenschaften der Gesteine und die Verhältnisse nicht in der für die Planung erforderlichen Klarheit darstellen würde. In diesem Maßstab möchten wir nur einige Gebiete kartieren, in denen die geologischen Verhältnisse dafür günstig sind und in denen ein umfangreicher Aufbau geplant ist.

2. Für die Übersichtlichkeit und die praktische Anwendung erscheint es uns angebracht, die ingenieurgeologische Karte in mehreren Blättern herzustellen. Die einzelnen Blätter sollen darstellen:

a) Geologische und geomorphologische Verhältnisse mit Dokumentation. Das Blatt stellt die Charakteristik der Formationen, die Faziesgruppen, die petrographischen und lithologischen Typen usw. dar; von den geomorphologischen Gegebenheiten nur diejenigen, die das Bauwerk beeinflussen können. Außerdem soll es auch die Dokumentation der natürlichen und künstlichen Aufschlüsse sowie die Ergebnisse der technischen Laborversuche enthalten.

b) Oberflächenformationen nach Mächtigkeit, Genese, Faziesentwicklung, Gruppen, mechanischen Eigenschaften, ferner technologische Versuche usw.

c) Festgesteinsunterlage nach Tiefe, Strukturlinien mit ausführlicher Auswertung der Gesteine, mechanischen Eigenschaften usw.

d) Hydrogeologie.

e) Klassifikation einzelner Gesteine und Rayonierung.

f) Technologische Analysen — Profile, Erläuterungen.

Die Darstellungsart ist von der Kartierungsart sowie von technischen Arbeiten und Geländearbeiten abhängig. Am geeignetsten erscheint uns die Schraffur und die Streifenmethode.

Noch ungeklärt bleibt einstweilen:

1. Wahl des Maßstabes, dessen Bezeichnung und der entsprechende Inhalt. Damit hängt auch die Frage der Detaildarstellung für alle Bauarten oder für einzelne Bauten, Rayonierungsart u. a. zusammen.
2. Klassifikation der geologischen und stratigraphischen Verhältnisse hinsichtlich der Bezeichnung (Markierung) für bestimmte Räume (Orte).
3. Klassifikation der Gesteine von Oberflächenformationen, deren Auswertung nach technischen Eigenschaften, Versuchen, Baugrundtiefe zur übersichtlichen und ausführlichen Darstellung auf den Karten für verschiedene Bauarten.
4. Klassifikation für die Rayonierung, Bauten für Typen nach mechanischen Eigenschaften, Rayonierung für einzelne Bauten.
5. Hydrologische Verhältnisse, Grundwasserklassifikation im Zusammenhang mit der Aufstellung hydrogeologischer Karten.
6. Tabellen mit den genannten Versuchen auf mechanische Eigenschaften und deren Klassifikation.

Diese ungelösten Probleme stellen wir zur Diskussion.

Zusammenfassung

In der ČSSR wird die ingenieurgeologische Kartierung seit dem Jahre 1958 betrieben. Für die Darstellung wählte man die Schraffur- und Streifenmethode. Ingenieurgeologische Karten wurden im Maßstab 1:5000 für hydrotechnische Bauten ausgearbeitet. Bei kleinen Maßstäben (1:25000 und 1:75000) fertigt man für wasserwirtschaftliche Anlagen geologische Karten an, die ingenieurgeologisch ausgewertet werden.

Резюме

В ЧССР проводится инженерно-геологическое картирование с 1958 г. Для изображения был выбран метод шрафировки и полос. Инженерно-геологические карты масштаба 1:5000 разрабатывались для гидротехнических сооружений. В мелких масштабах (1:25000 и 1:75000) составляются геологические карты для сооружений водного хозяйства, применяющиеся в инженерно-геологическом смысле.

Summary

In Czechoslovakia engineering-geological mapping is carried out since 1958, with the hatching and striping method chosen for the representation. Engineering-geological maps scaled 1:5000 were elaborated for hydrotechnical constructions. In the case of small scales (1:25000 and 1:75000) geological maps are prepared for hydraulic constructions and utilized for engineering-geological purposes.

Methodik der ingenieurgeologischen Aufnahmen und die Anfertigung ingenieurgeologischer Karten für verschiedene Bautypen

LAZAR F. LAZAR, Bukarest

I. Einführung

Ingenieurgeologische Untersuchungen verfolgen das Ziel, den Ingenieuren und Projektanten alle Angaben zu liefern, die zur Lösung der hauptsächlichsten Aufgaben bei der Projektierung und der Errichtung von Ingenieuranlagen erforderlich sind. Bei den Untersuchungen soll folgendes durchgeführt werden:

1. Auswahl der in ingenieurgeologischer Hinsicht günstigsten Teilfläche zur Errichtung der Anlage auf Grund vorläufiger Daten.
2. Auswahl der günstigsten Varianten für die Trassierung von Auto- und Eisenbahnstrecken, Kanälen, Hochspannungsleitungen usw.
3. Bestimmung gefährdeter bzw. für die Trassierung und die Errichtung von Bauwerken wenig günstiger Gebietsteile unter Angabe der erforderlichen technischen Schutzmaßnahmen.
4. Auswahl der Anlagetypen, z. B. Bogenstaumauer, Schwergewichtsstaumauer, Erdstaudamm usw.
5. Quantitative Voraussage der auf Grund der geologischen und ingenieurgeologischen Gegebenheiten zu erwartenden Prozesse zwecks Bestimmung der Standfestigkeit der zu projektierenden Anlage.
6. Typenauswahl und Tiefenbestimmung des Fundamentes für jedes Bauwerk zwecks Sicherung der besten Bedingungen für dasselbe und für seine normale Nutzung.
7. Beachtung etwaiger ungünstiger Erscheinungen, die während des Baues auftreten können, wie z. B. Erdfälle in der Baugrube, Wassereinbrüche, ungleichmäßige Setzungen, Gasvorkommen in Grubenbauen usw., wogegen besondere Sicherheitsmaßnahmen ergriffen werden müssen.
8. Ermittlung von Baustofflagerstätten und Nutzung dieses Materials unter den wirtschaftlichsten Bedingungen.
9. Sicherung der Trink- und Brauchwasserversorgung für Bauwerke, und zwar sowohl während ihrer Errichtung als auch während ihrer Nutzung.

Zur Lösung dieser Probleme werden besondere Feld- und Laboruntersuchungen durchgeführt.

Felduntersuchungen bestehen aus ingenieurgeologischen Aufnahmen in einem vom Projektierungsstadium und der Art des Bauwerks abhängigen Maßstab, Bohrarbeiten, Auffahren von Grubenbauen, Versuchsarbeiten und stationären Beobachtungen geologischer und hydrogeologischer Prozesse.

Die Laboruntersuchungen umfassen spezielle petrographische (lithologische) Gesteinsuntersuchungen und die Bestimmung der physikalisch-mechanischen Eigenschaften mittels verschiedener Analysen.

Auf der Grundlage der gewonnenen Daten werden zur quantitativen Bestimmung des Einflußgrades der geologischen Erscheinungen auf die Bauwerke ingenieurgeologische Berechnungen durchgeführt.

Der Genauigkeitsgrad und der Umfang der ingenieurgeologischen Arbeiten hängen vom Projektierungsstadium ab. Im ersten Stadium werden die Untersuchungen auf einer großen Fläche durchgeführt und sind weniger detailliert. Während dieser Zeit werden meist nur Aufnahmen in kleinem Maßstab und wenige Erkundungsarbeiten vorgenommen. Je mehr die Arbeit in das Stadium der Vorprojektierung und der technischen Projektierung übergeht, um so mehr verringert sich die zu untersuchende Fläche. Die ingenieurgeologische Aufnahme wird nun in großem Maßstab vorgenommen; die Erkundungs- und Experimentalarbeiten am Ort des Bauwerks haben einen großen Umfang. Die stationären Beobachtungen zur Bestimmung des Standorts für das Bauwerk als Ganzes und für seine Bestandteile im einzelnen müssen im Bereich der früher festgelegten Fläche äußerst genau sein.

II. Ingenieurgeologische Aufnahmen und vom geologischen Komitee angefertigte ingenieurgeologische Karten

Das Geologische Komitee der Volksrepublik Rumänien begann die Untersuchungen zur Anfertigung ingenieurgeologischer Karten erst im Jahre 1950. Sie waren für die im Plan 1950 und im ersten Fünfjahrplan vorgesehenen Bauwerke bestimmt.

In dieser Zeit wurden Karten folgenden Typs angefertigt:

1. Ingenieurgeologische Spezialkarten für Industriebauwerke sowie Bauwerke für soziale und andere Zwecke

Die ingenieurgeologischen Aufnahmen für diese Karten wurden auf Grund topographischer Unterlagen in großem Maßstab — 1:2000, 1:1000, 1:500 und zuweilen 1:200 — ausgeführt.

Die geologischen, geomorphologischen und hydrogeologischen Verhältnisse im Bereich des Bauwerks wurden auf die Karten eingetragen. Die physikalisch-mechanischen Gesteinseigenschaften wurden durch Untersuchung der auf der Baufläche entnommenen Proben im Laboratorium bestimmt. Die Feldarbeiten umfaßten eine graphische Dokumentation und die Entnahme gestörter und ungestörter Proben aus den verschiedenen Horizonten.

Den ingenieurgeologischen Karten sind geologische Schnitte beigefügt, die auf Grund von Feldbeobachtungen und Ergebnissen der Laborversuche angefertigt wurden.

2. Ingenieurgeologische Karten für verschiedene Trassierungen: Straßen, Eisenbahnen, Hochspannungsleitungen usw.

Die ingenieurgeologischen Untersuchungen für verschiedene Trassierungen dienten der Beschaffung der Angaben, die zur Ausarbeitung von Projekten im Stadium des technisch-ökonomischen Berichtes erforderlich sind. In diesen Fällen wurden auf Karten im Maßstab 1:20000 bzw. 1:25000 die bei der Aufnahme im Bereich der von den Projektanten vorgeschlagenen Trassierungsvarianten erhaltenen Angaben eingetragen. Gewöhnlich erstreckten sich diese Untersuchungen auf eine Zone von etwa 2 km Breite entlang der projektierten Trasse. In einigen Fällen wurde diese Zone wegen der natürlichen Bedingungen der betreffenden Trasse erweitert.

In den nachfolgenden Projektierungsstadien wurden ingenieurgeologische Aufnahmen zur Präzisierung der Trassen und zur Herstellung von Karten großen Maßstabs ausgeführt, z. B. für die Trasse Dewa-Brad im Maßstab 1:1000.

Auf diesen Karten wurde die ingenieurgeologische Rayonierung des Territoriums nach dem Grade der Bodenfestigkeit vorgenommen.

3. Ingenieurgeologische Karten für Wasser- und Wärmekraftwerkbaue

Ingenieurgeologische Aufnahmen für diese Art von Bauwerken sind vom Departement für Energiewesen angesetzt worden. Der Arbeitsumfang, die topographische Begründung und der Aussagegrad entsprachen dem Projektierungsstadium in folgender Weise:

a) In der Phase des technisch-ökonomischen Berichtes wurden die Aufnahmen in den Maßstäben 1:100000 bis 1:20000 durchgeführt, wobei folgendes dargestellt wurde: die geologischen Strukturen des Felsuntergrundes; die jüngeren Ablagerungen der Überdeckung durch Lockergesteine und die Standsicherheit der einzelnen genetischen Einheiten; die allgemeine Tektonik.

b) Im Stadium des Vorprojektes (Projektaufnahme) wurden Aufnahmen auf speziell angefertigte Pläne in den Maßstäben 1:10000 bis 1:2000 eingetragen, wobei zur Darstellung kamen: die faziellen Änderungen der anstehenden Felsgesteine und ihre verschiedenen Lagerungsformen; die Verwitterungszonen, die Mikrotektonik.

In dieser Phase wurden oft spezielle Untersuchungsarbeiten durchgeführt (Bohrlöcher, Schächte, Stollen und Freilegungen), die auf verschiedenen Plänen dargestellt wurden. Für jedes Bauwerk wurden Karten und Pläne im Maßstab 1:200 bzw. 1:100 angefertigt. Die Pläne wurden durch geologische Profile mit nicht mehr Überhöhung als 1:10 ergänzt.

Diese Bauten wurden in Bereichen durchgeführt, die sich in der Phase des technisch-ökonomischen Berichts bei den Untersuchungen als günstig erwiesen hatten. Die untersuchte Fläche entsprach der Bedeutung der Bauten und der Kompliziertheit des geologischen Baues.

c) Im Stadium des Grundprojektes wurden die Aufnahmeergebnisse auf speziell angefertigte Pläne in den Maßstäben 1:1000 bis 1:100 eingetragen. Auf diesen wurden die Baugrundverhältnisse im Niveau der verschiedenen Fundamente gekennzeichnet. Es wurde eine große Zahl von speziellen Feldarbeiten und Laboranalysen durchgeführt.

In diesem Stadium wurde festgestellt:

Die Belastbarkeit, die für die verschiedenen Gesteinskategorien je nach der Tiefe des projektierten Fundamentes zulässig war; der Reibungskoeffizient zwischen Beton und Gestein; der Wasserdurchlässigkeitskoeffizient.

Auf den geologischen Schnitten wurden die Wasserdurchlässigkeitszonen vermerkt, die bei der Projektierung der Verdichtungsarbeiten bekannt sein mußten. Es wurden Pläne für alle Aushubstellen im Maßstab 1:100 und 1:200 angefertigt. Bei den Aufnahmen und bei der Zusammenstellung der Karten wurde im allgemeinen die sowjetische Methodik angewandt.

4. Allgemeine, zusammenfassende ingenieurgeologische Karten

Derartige Karten wurden vom Geologischen Komitee für das mittlere Flußbecken des Trotus angefertigt. Auf Grund der durchgeführten Aufnahmen wurde eine Karte für die ingenieurgeologische Rayonierung nach der Standsicherheit der Gesteine im Maßstab 1:20000 geschaffen. Sie soll als ingenieurgeologische Grundlage eines Projektes der regionalen Systematisierung des Verwaltungsgebiets Bakău dienen und wurde vom Zentralinstitut für Systematisierung der Städte und Rayons ausgearbeitet. Gegenwärtig führt das Geologische Komitee allgemeine ingenieurgeologische Untersuchungen von zusammenfassendem Charakter im Flußbecken des Buzău und im oberen Flußbecken des Mureş durch.

Die Feldaufnahmen im Maßstab 1:20000 werden auf Einzelkarten dargestellt, aus denen eine Gesamtkarte der ingenieurgeologischen Rayonierung des ganzen Beckens zusammengestellt wird, die als primäre ingenieurgeologische Grundlage zur Lösung folgender Probleme dienen soll:

Projekte für die perspektivischen Ingenieurarbeiten in dem betreffenden Gebiet;

Plan zur Bekämpfung und Verhinderung von Rutschungen und zur Verringerung der Strömungsgeschwindigkeiten;

Konsolidierung der bestehenden Verkehrsverbindungen (Forst- und normale Eisenbahnen, Chausseen und Hängebahnen) sowie Projektierung neuer Verkehrsverbindungen;

Projektierung wassertechnischer Bauten an den Hauptwasserläufen; Plan zur regionalen agronomischen Bodensystematisierung dieser Gebiete.

Bis jetzt wurde der größte Teil des Flußbeckens des Buzău im Maßstab 1:20000 aufgenommen, während die Gesamtkarte im Maßstab 1:50000 angefertigt wird. Bei Feldbeobachtungen werden auf Karten im Maßstab 1:20000 folgende Daten eingetragen:

Stratigraphie und Lithologie der präquartären Formationen; Lithologie und genetischer Typ der quartären Ablagerungen; Geomorphologie; Quellen und künstliche Aufschlüsse des Grundwassers; geophysikalische Daten; nutzbare Bodenschätze und Baumaterialien.

Zur Vervollständigung der Beobachtungen wurden Untersuchungen an Gesteinsproben im Labor zur Feststellung ihrer physikalisch-mechanischen Eigenschaften vorgenommen.

Da diese Untersuchungen zur Projektierung der perspektivischen ingenieurgeologischen Arbeiten in dem betreffenden Gebiet durchgeführt wurden, waren die Bearbeiter der Meinung, daß die Karte ausreichende Angaben enthalten müsse, um den Vorstadien für die Projektierung von Ingenieurbauten dienen zu können.

Die von uns vorgelegte Karte ist noch kein sehr gelungener Versuch einer zusammenfassenden Karte, auf die alle Daten eingetragen sind, die für den außerordentlich komplizierten Karpaten-Flysch gewonnen wurden. Der Maßstab ist 1:50000. Es sind die tektonischen Gegebenheiten der präquartären Strukturen dieses Beckens dargestellt. Drei Hauptzonen bzw. -gebiete wurden ausgesondert:

die innere Flyschzone mit Kreideablagerungen;
die Randzone des Flysches mit paläogenen Ablagerungen;
die neogene Zone der Ostkarpaten mit miozänen und pliozänen Ablagerungen.

Die präquartären Gesteine sind durch Farben gekennzeichnet: Alle Farbtöne in grün bezeichnen Kreidegesteine, mit braunen Farbtönen ist das Paläogen und mit gelben das Miozan und Pliozan dargestellt. Durch rote Schraffuren sind die faziellen Zonen ausgesondert: die Sandsteinfazies Fusaru, die Übergangsfazies, die Sandsteinfazies Kliva und die Kolto-Fazies. Die Lithologie der präquartären Ablagerungen wurde durch Signaturen bei den Aufschlüssen und die stratigraphische Stellung dieser Ablagerungen durch entsprechende Zeichen angegeben.

Das Deckgebirge wurde weiß gelassen, wobei die quartären Ablagerungen nach genetischen Typen aufgeteilt wurden: Alluviale, diluviale, proluviale und eluviale Ablagerungen, Anschüttungen und Rutschablagerungen erhielten je besondere Signaturen. Es wurden einige Terrassenniveaus ausgesondert, ihre geomorphologischen Grenzen festgestellt und Signaturen hinzugefügt. Die Quellen sind auf der Karte eingezeichnet, und der Chemismus der Mineralwässer ist durch die chemischen Formeln der vorwiegenden Elemente angegeben. Die Rutschungen sind besonders deutlich herausgestellt. Die durch Rutschablagerungen eingenommenen Zonen sind nach ihrem Entwicklungsstadium durch Zeichen kenntlich gemacht, und zwar: aktive Rutschungen, ruhende Rutschungen. Dabei wurde die Klassifikation von N. W. RODIONOW berücksichtigt. Im Bereich des Talbeckens des Buzău wurden folgende Rutschungstypen ausgesondert:

plastische Rutschungen,
Strukturrutschungen,
plastische Strukturrutschungen,
plastisch-strukturelle Fließrutschungen,
Fließrutschungen.

Es ist zu bemerken, daß auch im Laufe der Feldperiode 1958—1960 Untersuchungen zur Lösung dieser Frage stattfanden. Auf den neuesten ingenieurgeologischen Karten dieses Gebietes sind die Gesteine entsprechend den mit verschiedenen Farbgebungen bezeichneten lithologischen Komplexen angeordnet. Das geologische Alter dieser Ablagerungen ist mit Indizes angegeben, wobei die lithologischen Komplexe auf Grund der im Laboratorium festgestellten physikalisch-mechanischen Eigenschaften ausgesondert wurden.

5. Ingenieurgeologische Übersichtskarten

Eine ingenieurgeologische Übersichtskarte wurde im Maßstab 1:500000 für das linksseitige Ufer der Donau zwischen den Städten Gurnu-Severin und Braila angefertigt. Obwohl wir dieselbe als geologische Karte bezeichneten, war sie eine gute Grundlage für die Aufstellung von Schemata für die Nutzung der Wasserkraftreserven der Donau. Es sind darauf die geologischen, genetischen und geomorphologischen Verhältnisse der Donauebene dargestellt.

III. Allgemeine Bemerkungen

Die ingenieurgeologische Aufnahme stellt einen Komplex von geologischen, lithologischen, geomorphologischen und hydrogeologischen Forschungen dar, die als ingenieurgeologische Grundlage für Projekte jeder Art von Ingenieurbauten in den verschiedenen Projektierungsstadien dienen sollen.

Ingenieurgeologische Aufnahmen werden anhand vorhandener geologischer Karten, deren Maßstab in jedem Falle nicht kleiner sein soll als die in Frage kommende Aufnahme, oder ohne geologische Grundlagen angefertigt.

Ist eine entsprechende geologische Grundlage vorhanden, so wird bei der ingenieurgeologischen Aufnahme denjenigen Besonderheiten größere Beachtung geschenkt, die bei der geologischen Aufnahme nicht berücksichtigt wurden, z. B. den lithologischen Einzelheiten der anstehenden Gesteine und Deckablagerungen sowie den geophysikalischen Gegebenheiten usw. In gewissen Fällen ist zur Verbesserung der Grundlage eine teilweise Wiederholung der geologischen Untersuchung erforderlich. Falls keine entsprechende Grundlage vorhanden ist, wird gleichzeitig mit der ingenieurgeologischen eine geologische Aufnahme vorgenommen.

Die bei der ersteren angewandten Untersuchungsmethoden sind verschieden. Sie hängen vom Projektierungsstadium und von der Art der Anlagen ab, für die die Aufnahme durchgeführt wird.

Zusammenfassung

In der Volksrepublik Rumänien werden seit dem Jahre 1950 von dem Geologischen Komitee ingenieurgeologische Karten angefertigt. Die bisher bearbeiteten Karten wurden entsprechend der Vielfältigkeit der Aufgabenstellung und dem Projektstadium in Maßstäben zwischen 1:100 und 1:500 000 hergestellt.

Резюме

В РНР с 1950 г. Геологическим Комитетом составляются инженерно-геологические карты. В зависимости от многообразного вида задачи и стадии проектирования изготовленные до сих пор карты составлялись в масштабах 1:100—1:500000.

Summary

In the People's Republic of Roumania engineering-geological maps are made by the Geological Committee since 1950. Maps being scaled between 1:100 and 1:500000 have been worked out so far in conformity with the manifold problems and the stage of design work.

Zeitschrift für angewandte Geologie (1961) Heft 3

Gegenwärtiger Stand und Methodik der ingenieurgeologischen Kartierung in Ungarn

DÉNES IHRIG, Budapest

Ingenieurgeologische Karten im engeren Sinne nennen wir in Ungarn jene Karten, die die bautechnischen Eigenschaften der geologischen Formationen im Hinblick auf den Hoch- und Tiefbau und auch den Wasserbau kartographisch darstellen (z. B. Druckfestigkeit, Grundwasserspiegel, Morphologie, Mächtigkeit usw.). Diese Karten geben auch über Tektonik, Lagerstätten der Steine und Erden, perspektivische Gebiete für den Bergbau usw. Auskunft.

Schon vor Jahrzehnten betrieb man die geologische Kartierung als Vorbereitung für die Planungsarbeit des Ingenieurs. Es handelte sich um allgemeine geologische Karten, die man durch ausführlichere petrographische Abgrenzungen für die Ingenieurplanung geeignet zu machen suchte. Zum Teil wurden auch noch Angaben über die Wasserverhältnisse gemacht. Umfassende ingenieurgeologische Karten wurden erst in den letzten Jahren angefertigt. Hinsichtlich der Vollständigkeit ihres Inhalts sind auch die jetzigen ingenieurgeologischen Karten oder Karten, die als solche verwendet werden können, noch von unterschiedlichem Wert.

Der besseren Übersicht wegen werden in Ungarn die ingenieurgeologischen Karten wie folgt eingeteilt:

1. Umfassende ingenieurgeologische Karten: Hierzu rechnen wir jene Karten, die möglichst vollständig die Eigenschaften der geologischen Formationen angeben, die für die Planungsarbeit des Ingenieurs wichtig sind. Die Darstellung kann auch auf mehreren Einzelblättern erfolgen. Es ist zwar erwünscht, daß diese Karten für alle Zweige des Bauwesens genügen, es ist aber u. U. völlig ausreichend, wenn sich die Angaben nur auf einen einzigen Aufgabenbereich beziehen (z. B. auf den Grundbau).

2. Angewandte geologische Karten: Diese Karten beschränken sich oft allzusehr auf die Darstellung geologischer Zeitabschnitte und deuten die petrographischen Eigenschaften nur ganz allgemein an. Anhand des beigegebenen Textes können diese Karten so umgestaltet werden, daß die Verbreitung der vom Standpunkt der Ingenieurplanung klassifizierten Gesteinsarten abgelesen werden kann. Die Übersichtlichkeit kann durch Zusammenfassung der in verschiedenen geologischen Zeiten identisch entwickelten Gesteine erhöht werden. Dies gilt besonders für Übersichtskarten.

3. Analytische ingenieurgeologische Karten: Besonders bei großmaßstäblicher Darstellung kommt es häufig vor, daß nur einige Eigenschaften (z. B. die Mächtigkeit einer Kiesschicht) kartographisch wiedergegeben werden.

4. Hilfskarten: Darunter verstehen wir Karten, die nicht zu rein ingenieurgeologischen Zwecken angefertigt wurden, jedoch solche geologischen Situationen wiedergeben, die für die Planungsarbeiten des Ingenieurs wichtig sind (z. B. Grundwasserkarten, Erdbebenkarten usw.).

Die wichtigsten Institute, die sich systematisch und ständig mit der Anfertigung ingenieurgeologischer Karten beschäftigen, sind:

a) Staatliches Geologisches Institut (übergeordnete Dienststelle: Geologische Landeshauptverwaltung).

Dieses Institut fertigt ingenieurgeologische Übersichtskarten im Landesmaßstab an. Einige wichtige Karten sollen nachfolgend erwähnt werden:

Eine ingenieurgeologische Karte von Ungarn im Maßstab 1:300000, auf der die Gesteinsschichten dargestellt sind. Diese Karte, die ganz spezifischen Zwecken dient, klassifiziert die Gesteine auch nach ihrer Druck- und Standfestigkeit. Auf morphologischer Grundlage sondert sie Gebiete aus, wo ohne Gefahr von Überschwemmungen durch Grundwasser Gruben angelegt werden können. In Hügelländern werden die Gebirge unter Fortlassung der Quartärablagerungen dargestellt. Es werden auch Angaben über den Grundwasserspiegel und überschwemmungsgefährdete Gebiete (z. B. für das Flachland) gemacht.

Weiter entwarf das Institut anhand vieler Messungen des Wasserspiegels, hauptsächlich aus gegrabenen Brunnen, die Grundwasserkarten der großen und der kleinen ungarischen Tiefebene, d. h. für das Flachland Ungarns. Diese Karten im Maßstab 1:200000 und 1:400000 geben den relativen Grundwasserstand an (Grundwasserstand unter Gelände), ferner den Grundwasserstand auf NN bezogen sowie den voraussichtlichen Höchst- und Niedrigst-Grundwasserstand aus einer 10—15jährigen Meßserie. Anschließend wurde eine Wasserdurchlässigkeitskarte für die Oberfläche der ungarischen Tiefebene angefertigt.

Von dem genannten Institut wurde 1936 auch die hydrogeologische Karte von Budapest geschaffen. Obgleich sie den Titel „Hydrogeologische Karte" führt, wurde sie entworfen, um verschiedenen Planungsarbeiten des Ingenieurs als Grundlage zu dienen, und kann als erster Versuch einer ungarischen ingenieurgeologischen Karte betrachtet werden. Als Basis diente die Straßenkarte im Maßstab 1:10000. Die geologischen Formationen sind mit Nummern gekennzeichnet und so gegliedert, daß ihr petrographischer Charakter klar hervortritt. Für den größten Teil der ungarischen Hauptstadt gibt diese Karte auch die unter dem Quartär anstehenden älteren Formationen an. Es werden sowohl die Rutschungen als auch die alten verschütteten Wasserläufe östlich der Donau dargestellt und schließlich auch Angaben über den Grundwasserspiegel gemacht. Eine wertvolle Hilfe für die ingenieurgeologische Planungsarbeit gewähren einige Kartenbeilagen über die geologischen Verhältnisse der unterirdischen Gewässer im Maßstab 1:100000. Auch die Wasserdurchlässigkeit und die petrographischen Verhältnisse der Gebirgsgegenden werden berücksichtigt. Eine Monographie darüber erscheint in der nächsten Zukunft.

b) Geodätischer und Bodenprüfungsbetrieb (Übergeordnete Dienststelle: Ministerium für Bauwesen).

Von dieser Dienststelle wurden ingenieurgeologische Karten für die Hochbauzwecke vieler Großstädte angefertigt. Für die Planung einzelner größerer Bauten werden spezifische ingenieurgeologische Karten erarbeitet. Eine äußerst sorgfältige methodische Forschungstätigkeit dient der weiteren Vervollkommnung der ingenieurgeologischen Karten.

Nachfolgend ein Beispiel:

Bodenkarte von Groß-Budapest für das Bauwesen; Maßstab 1:10000, aus dem Jahre 1957.

Als erste der Großstädte wurde der Raum von Budapest bearbeitet. Dies war zugleich die erste zusammenfassende ingenieurgeologische Karte. Sie besteht aus 12 Profilen. Außer den Angaben aus früheren bodenmechanischen Untersuchungen und geologischen Karten wurden 5000 neue Aufschlüsse sowie 2000 bodenmechanische Gutachten ausgewertet, durch lokale Geländebegehungen ergänzt und in die Karte miteingearbeitet. Sie stellt die Gesteine mittels sechs Farben dar; die Mächtigkeit der Schichten ist innerhalb einer Farbe mit drei Farbabstufungen gekennzeichnet, z. B. 0—2 m hell, 2—4 m stärker, darüber dunkel. Die oberen Schichten werden durch eine einheitliche Farbe dargestellt, die unteren in derselben Farbe schraffiert. Das innerhalb der Stadt für den Aufbau bestimmte Gebiet ist zum großen Teil aufgeschüttetes Gelände; deshalb mußten auch die Mächtigkeiten dieser Aufschüttungen angegeben werden. Schwarze Ringe markieren die als Basis des Kartenentwurfs dienenden Bodenaufschlüsse. Die Ziffern neben den Ringen geben die Mächtigkeit der Aufschüttung oder auch der humosen Schicht in Metern an. Die kleinste dargestellte Mächtigkeit einer solchen Schicht beträgt 0,5 m. An mehreren Stellen ist eine 5—7 m mächtige Aufschüttung vorhanden. Um eine genaue Abgrenzung des aufgeschütteten Gebietes sowie der alten Flußläufe, der Torf- und Sumpfgebiete, zu erhalten wurden auch die alten Archivaufzeichnungen verwendet. Auch sind in der Karte sämtliche Punkte angegeben, wo bodenmechanische Untersuchungen durchgeführt wurden und Begutachtungen erfolgten. Über die Grundwasserverhältnisse der Stadt Budapest wurde eine Karte entworfen die die möglichen Grundwasserschwankungen und die Verbreitung von aggressiven (SO_4-haltigen) Wässern angibt.

Ähnliche Karten wurden auch von den Städten Miskolc, Konlo, Szeged, Nagybatony angefertigt.

Die unter b) genannte Dienststelle arbeitet jetzt an einer neuen Methode für den Entwurf von sogenannten Bodenkarten. Die Erfahrung lehrte nämlich, daß sich, abgesehen von einer Tiefgründung, im günstigen Fall die Schichten in 4—5 m Tiefe immer für eine Fundierung eignen und es sich auch im ungünstigsten Fall erübrigt, tiefer als 8—10 m zu gehen. Die neuen Karten werden die jeweilige Tiefe und die Eigenschaften der in diesen zwei Horizonten befindlichen, zur Gründung geeigneten Schichten angeben, so daß sich die kartographische Darstellung beträchtlich vereinfacht.

Die Bodenkarten der Städte haben sich als äußerst nützlich erwiesen, und anhand dieser Karten blieb in Gebieten, wo bereits eine umfangreiche Erkundung durchgeführt wurde, so manche neue Untersuchung erspart.

c) Wissenschaftliches Forschungsinstitut für Wasserwirtschaft (übergeordnete Dienststelle: Staatsoberdirektion für Wasserwesen).

Dieses Institut führte eine mit einer großangelegten lokalen Begehung verbundene Untersuchung durch, um im Landesmaßstab Speichermöglichkeiten zu erkunden. Von den etwa 300 untersuchten Gebieten wurden Kartenskizzen angefertigt, die die Gesteine nach ihrer Wasserdurchlässigkeit darstellen. Im Maßstab 1:500000 wurde auch eine ingenieurgeologische Karte von den Gebirgs- und Hügelländern des Landes angefertigt.

Vom Standpunkt der Ingenieurgeologie ist hauptsächlich die Arbeit des Institutes über Fragen des Grundwassers von Bedeutung. Es wurden aber auch geologische Karten für die Planung von Wasserbauten erarbeitet.

Einige wichtige Arbeiten des Institutes sollen hier erwähnt werden:

Detailkarte für Grundwasserqualität. Sie wurde im Landesmaßstab angefertigt, und man hat hierbei die sehr leicht zu überblickende Darstellung mit isometrischen Linien gewählt.

Da auf einer solchen Karte nicht alle Eigenschaften dargestellt werden können, die für den planenden Ingenieur von Bedeutung sind, wurden Einzelkarten angefertigt.

Da bei allen Bauwerken, die mit dem Grundwasser in Berührung kommen, der Sulfatgehalt des Wassers wichtig ist, wurde in einer Kartenserie der Sulfatgehalt im Grundwasser angegeben. Die dargestellten Stufen entsprechen 0—60, 60—300, 300—600, 600—1000, 1000—2000 und 2000 mg/l oder einem höheren Sulfatgehalt.

Durch eine andere Kartenserie wurden die Härtegrade des Wassers dargestellt, die für die Trinkwasserversorgung und auch bei der Nutzung des Grundwassers zu industriellen Zwecken sehr wichtig sind. Die Darstellung erfolgte in Stufen von 0—15, 15—25, 25—35, 35—45, 45—100 und 100° dH (deutsche Härte).

Eine weitere Kartenserie stellt die verschiedenen Typen der Grundwässer dar. Dies ist besonders für die Landwirtschaft von Bedeutung. Bei diesen Karten wird nach dem Anionen- und Kationengehalt des Wassers unterschieden. Anhand des relativen Übergewichts der am häufigsten vorkommenden drei Kationen, des Natriums (Na), des Kalziums (Ca), des Magnesiums (Mg), sowie der drei Anionen Chlorid (Cl), Sulfat (SO_3) und Hydrokarbonat (HCO_3) wird eine Einteilung des Wassers vorgenommen. Das Ergebnis der Wasseranalyse wird in Äquivalentprozenten ausgedrückt. Die Wässer werden dann einzelnen Typen zugeordnet, bei denen das Äquivalentprozent bestimmter Kationen und Anionen 25% übersteigt. Die Kationen werden mit Farben, die Anionen durch Schraffierung kartographisch dargestellt. Hierbei sind 49 verschiedene Markierungen möglich.

Die Grundkarten zu den genannten drei Kartenserien wurden im Maßstab 1:50000 angefertigt, die vervielfältigten Kartenblätter liegen dagegen im Maßstab 1:200000 vor. Bei der Herstellung der Karten wurden immer die Angaben über die oberste wasserführende Schicht zugrunde gelegt. Die Zahl der ausgewählten und eingetragenen Brunnenpunkte beläuft sich bei den Karten im Maßstab 1:200000 auf ungefähr 25000 Punkte je Karte, auf den Grundkarten (1:50000) auf ca. 15000 Punkte.

Für die Anfertigung von spezifizierten, nur einige Eigenschaften darstellenden ingenieurgeologischen Karten hätte es keinen Sinn gehabt, einheitliche Direktiven auszuarbeiten. Doch für zusammenfassende ingenieurgeologische Karten ist eine solche Methodik von großer Bedeutung. Da sich aber nur ein einziger Projektierungsbetrieb regelmäßig mit dem Entwurf solcher Karten beschäftigte, konnte sich eine Einheitlichkeit bei diesen Arbeiten nicht durchsetzen.

Innerhalb des unter c) genannten Institutes ist man bestrebt, nach einer einheitlichen Methodik zu arbeiten, wie dies das unter b) genannte Institut im Falle der Bodenkarte von Budapest (Maßstab 1:10000) tat. Die über diese Karte erschienenen Publikationen können somit als allgemeine Direktive betrachtet werden.

Das Staatliche Geologische Institut plant im Zusammenhang mit einer Kartenserie im Maßstab 1:100000 auch die Herausgabe einer ingenieurgeologische Kartenserie.

Zusammenfassung

In der Volksrepublik Ungarn beschäftigen sich nachfolgende Institute mit der Ausarbeitung und Anfertigung von ingenieurgeologischen Karten (Bodenkarten u. dgl.): 1. Staatliches Geologisches Institut, 2. Geodätischer und Bodenprüfungsbetrieb, 3. Wissenschaftliches Forschungsinstitut für Wasserwirtschaft.

Diese Institute haben mehrere Kartenwerke ausgearbeitet. Da aber noch keine einheitliche Methodik vorhanden ist, wurden bei der Herstellung der Karten sehr unterschiedliche Auffassungen zugrunde gelegt.

Резюме

В Венгерской Народной Республике следующие учреждения занимаются разработкой и составлением инженерно-геологических карт (почвенных карт и т. п.): 1. Государственный Геологический Институт, 2. Институт геодезии и исследования почв, 3. Научно-исследовательский институт водного хозяйства.

Работниками этих институтов было составлено несколько карт. В связи с отсутствием единой методики при составлении карт были положены в основу весьма различные точки зрения.

Summary

In the People's Republic of Hungary the following institutes are concerned with the elaboration and making of engineering-geological maps (soil maps, etc.): 1. Geological State Institute, 2. Geodetic and Soil Test Undertaking, 3. Scientific Research Institute for Water Economy.

Several maps have already been worked out by the collaborators of these institutes, but, in the absence of a standard methodics, the making of maps was based on rather different conceptions.

Die Darstellung ingenieurgeologischer Verhältnisse in der Karte 1:25000[1]

JAROSLAV PAŠEK & JAN RYBÁŘ, Prag

Der Bedarf an ingenieurgeologischen Karten machte sich in allen Ländern des sozialistischen Lagers, in denen in der Nachkriegszeit die Industrieanlagen erheblich erweitert, große technische Bauwerke errichtet und neue Siedlungen angelegt wurden, schon seit Jahren fühlbar. Deshalb werden besonders in den sozialistischen Ländern mit ihrer Planwirtschaft und der dadurch möglichen zielbewußten ökonomischen, politischen und kulturellen Entwicklung in großen Gebieten erste provisorische ingenieurgeologische Karten herausgegeben. Eine der wichtigsten Unterlagen für die Gebietsplanung ist die Beurteilung des Geländes hinsichtlich seiner Gründungsverhältnisse. Zu den übersichtlichsten Veranschaulichungen gehört immer die kartographische Darstellung, und daher wird auch in diesem Falle die Herstellung ingenieurgeologischer Karten angestrebt.

In der ČSSR verhielt man sich dieser Frage gegenüber vorerst zurückhaltend. Es existieren heute gute großmaßstäbliche Unterlagen für Stadtsiedlungen. Von Zeit zu Zeit versuchte man, eine für andere Zwecke bestimmte technologisch-geologische Karte auszuarbeiten. Eine ingenieurgeologische Grundkarte irgendeines Teiles unseres Staatsgebiets wurde aber bisher noch nicht geschaffen. Wir wollen uns nicht mit der umfangreichen Problematik solcher Karten befassen, sondern legen hier zur weiteren Diskussion nur Teilergebnisse der Arbeiten vor, mit denen sich die ingenieurgeologische Abteilung des Geologischen Instituts der Tschechoslowakischen Akademie der Wissenschaften befaßte. Eine der Hauptaufgaben war die Ausarbeitung einer Methodik für die Zusammenstellung ingenieurgeologischer Karten.

Da die Ausarbeitung methodischer Richtlinien für die Herstellung ingenieurgeologischer Karten nicht ohne Überprüfung in der Praxis möglich ist, entschlossen wir uns, zunächst ein Musterblatt der neuen Karte für einen Teil unseres Landes anzufertigen.

Es wurde ein Gebiet ausgewählt, in dem in der letzten Zeit geologische Voruntersuchungen durchgeführt worden sind und in dem in der nächsten Zukunft mit einer intensiven Bautätigkeit gerechnet werden kann. Im Einvernehmen mit dem Geologischen Zentralamt der ČSSR soll für das Pětipsy-Becken mit dem angrenzenden Territorium die provisorische Musterkarte im Maßstab 1:25000 ausgearbeitet werden. In diesem Gebiet, dessen geologische Verhältnisse grundsätzlich geklärt sind, werden demnächst insbesondere für die Erkundung von Kohlenflözen niedergebrachte Bohrungen zur Verfügung stehen. In den folgenden Fünfjahrplänen wird hier im Zusammenhang mit dem Schürfen nach Kohle eine rege Bautätigkeit bei der Errichtung von Industrieunternehmen, Verkehrswegen, Wohnbauten sowie von wasserbaulichen Anlagen zu erwarten sein.

Die Oberfläche des Gebietes ist mäßig gewellt und vorwiegend von Sedimenten des Quartärs bedeckt. Im Westen dieses Gebietes treten morphologisch markante Ausläufer der Doupover Berge auf, die aus Tertiärvulkaniten (Basalt, Agglomeraten, Tuffen und Tuffiten) und aus Sedimenten (Tonen, Sandtonen, Sanden, Kohlenflözen, gefritteten Tonen) bestehen. Die Verhältnisse sind durch das Quarzitvorkommen an der Basis des Tertiär sowie einige kleinere Gesteinsinseln aus kretazischen und permischen Gesteinen ziemlich ungleichartig. Im Kadaner Gebiet treten Gneise des Kadan- und Oharka-Kristallins auf, die stellenweise kaolinisiert sind. Weiterhin kommen hier stark ausgeprägte Rutschungen vor. Die ingenieurgeologischen Verhältnisse werden außerdem durch alte Pingen, durch die hydrogeologischen Verhältnisse und durch den Abbau von Lagerstätten mineralischer Rohstoffe u. a. beeinflußt.

Für die Zusammenstellung der neuen ingenieurgeologischen Karte wurden alle erreichbaren Unterlagen, vor allem schon bestehende geologische Karten, weiterhin Bohrergebnisse sowie baugeologische und hydrogeologische Begutachtungen, die durch eigene Kartierungsarbeiten unter Verwendung von Sondierungen ergänzt wurden, verwendet. Aus diesem reichhaltigen Material wählten wir die Ergebnisse von ca. 3200 der aufschlußreichsten Bohrungen und dokumentierten Punkte aus, so daß auf einen km² durchschnittlich zehn Beobachtungspunkte entfallen.

Der ursprünglich gewählte Kartenmaßstab 1:50000 erwies sich im Verlaufe der Arbeiten als zu klein. Wir wählten deshalb die Karte 1:25000, auf der alle ermittelten und beobachteten Tatsachen dargestellt werden können. Bei Karten im Maßstab 1:50000 aber hätten die Einzeichnungen zu sehr schematisiert werden müssen.

Was den Inhalt der ingenieurgeologischen Karten anbelangt, so sind wir überzeugt, daß die Karte vor allem eine gute geologische Karte sein muß. Diese bildet die Unterlage für alle weiteren Arbeiten. Die geologischen Verhältnisse müssen aber im Gegensatz zu den bestehenden geologischen Gewohnheiten so dargestellt werden, daß die Karte nicht nur Auskunft über die Flächenverteilung der einzelnen Böden und Gesteinsarten gibt, sondern auch über ihre vertikale Verteilung, und zwar bis in jene Tiefen, in denen sich der Druck der Bauten noch geltend macht. Weiterhin ist es bei der Beurteilung der Gründungsverhältnisse erforderlich, die Morphologie, die Stabilität des Geländes, die hydrogeologischen Verhältnisse, die mechanischen Eigenschaften der Gesteine und andere Faktoren zu berücksichtigen. Da dies nicht

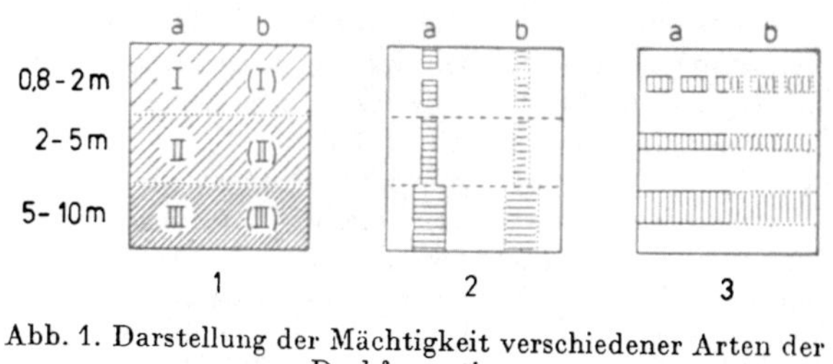

Abb. 1. Darstellung der Mächtigkeit verschiedener Arten der Deckformation

I — erste Schicht (Geländeoberfläche); II — zweite Schicht (die Schraffur des Streifens entspricht der Gesteinsart, die Breite der Mächtigkeit); III — dritte Schicht; a) bestätigte Mächtigkeit, b) vermutete Mächtigkeit

[1]) Beitrag aus dem Geologischen Institut der tschechoslowakischen Akademie der Wissenschaften.

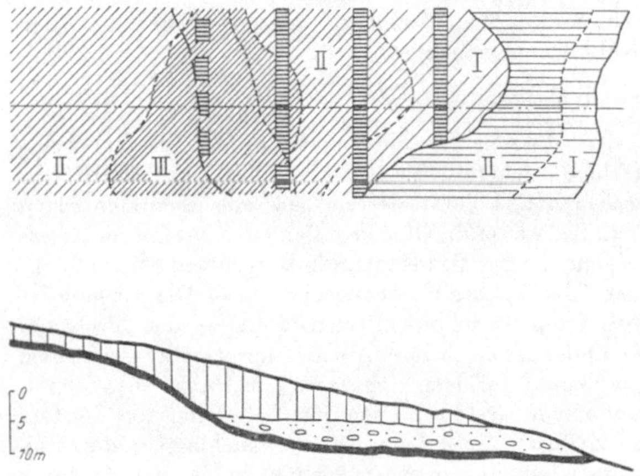

Abb. 2. Beispiele der Darstellung mit zwei verschiedenen Schichten

alles in einer einzigen Karte dargestellt werden kann, vertreten wir die Ansicht, daß die ingenieurgeologische Karte aus einigen Blättern bestehen muß, die ein unteilbares Ganzes bilden und die alle ingenieurgeologischen Verhältnisse des Gebietes enthalten.

Im Gegensatz zu einigen ausländischen Beispielen und zu einigen in der ČSSR herrschenden Vorstellungen sind wir der Meinung, daß die ingenieurgeologische Karte Zahlenangaben über Eigenschaften des Baugrundes weder enthalten kann noch enthalten darf. So kann sich z. B. die zulässige Belastung des Baugrundes sowohl im Zusammenhang mit den natürlichen Bedingungen als auch nach der Art des Konstruktionstyps und des Bauwerkes selbst bedeutend ändern. Die Karte würde dann ein einseitiges und ziemlich verzerrtes Bild wiedergeben und könnte keinen weiteren Zwecken mehr dienen (Záruba & Mencl 1954).

Die neu ausgearbeitete ingenieurgeologische Karte besteht aus drei Blättern, aus einer Kartei der Dokumentationspunkte, aus Tafeln der Laboratoriumsanalysen und aus einem kurzen Begleittext.

Blatt A, geologische Karte

Das Blatt A, die geologische Karte, zeigt die Lagerungsverhältnisse bis zu einer Tiefe von 10 m unterhalb der Geländeoberfläche; theoretisch kann man bis fünf übereinanderliegende, verschiedene Gesteinsarten darstellen. Die Karte besteht aus einer zweifarbigen topographischen Unterlage (Gerippe schwarz, Schichtenlinien braun). Die Gesteine des Felsuntergrundes werden als Flächen mit einfarbigen Schraffen, die Gesteine der Deckformation als farbige Flächen dargestellt. Diesem Artikel wird ein Muster der Karte in ihrer ursprünglichen farbigen Ausführung beigelegt. Außerdem werden die Hauptprinzipien an Hand einer Schwarz-Weiß-Darstellung für ein einfaches Beispiel erklärt. Die Schraffen für den Felsuntergrund sind in unserem Falle grün gezeichnet. Sie werden stets so gewählt, daß sie mit dem Charakter des jeweiligen Gesteins übereinstimmen. Die Grenzen der einzelnen Gesteinsarten entsprechen den Verhältnissen an der Oberfläche des Felsuntergrundes. Dort, wo bis zur Tiefe von 10 m noch eine weitere Schicht innerhalb des Felsuntergrundes vorkommt, ist auch diese durch eine entsprechende Schraffur, aber mit einer weniger satten violetten Farbe dargestellt. Die Abgrenzung der Fläche dieser zweiten Schicht entspricht annähernd den in einer Tiefe von 10 m herrschenden Verhältnissen. Da verschiedene Abstände zwischen den einzelnen Schraffen gewählt wurden, ist durch die Möglichkeit des Ineinanderlegens der Schraffen die Übersichtlichkeit gewährleistet.

Den Gesteinen der Deckschichten, die an der Oberfläche liegen, entsprechen auf der Karte die farbigen Flächen, die die Schraffen des Felsuntergrundes bedecken. Die Farben wurden wie üblich gewählt: Terrassensand und Schotter — ocker, Löß — orange, Hanglehme — gelb, holozäne Anschwemmungen — blau usw.

Farblos bleiben auf der Karte nur Flächen, in denen der Felsuntergrund direkt an die Erdoberfläche ausgeht oder unter Deckformationen von 0,8 m maximaler Mächtigkeit liegt. Innerhalb der einzelnen Deck-

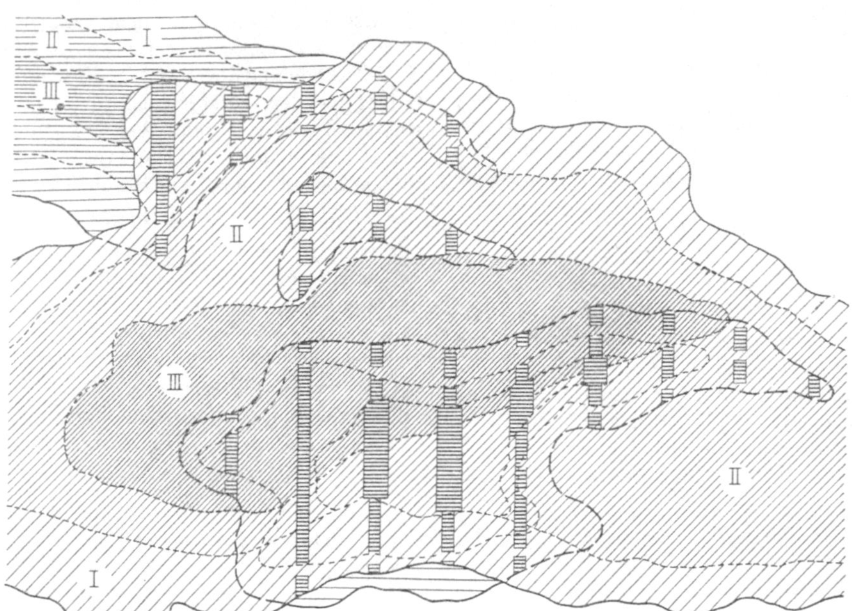

Abb. 3. Darstellung eines Gebietes mit zwei verschiedenen Schichten (z. B. sandige Schotter mehrerer Terrassenniveaus unter einer Lößdecke verschiedener Mächtigkeit)

formationen sind Flächen gleicher Mächtigkeit durch Isolinien ausgesondert. Eine größere Mächtigkeit der Gesteine wird durch dunklere Farbtöne hervorgehoben. Flächen mit folgender Mächtigkeit wurden abgetrennt: von 0,8 bis 2,0 m, von 2,0 bis 5,0 m und von 5,0 bis 10,0 m (Abb. 1). Beträgt die Mächtigkeit der Deckformationen mehr als 10,0 m, fehlt an dieser Stelle die Schraffur für den Felsuntergrund (Abb. 4). Wenn mehrere Deckformationen übereinanderliegen, d. h., wenn eine Art der Deckformation als zweite Schicht unter der Oberfläche liegt, so wird sie durch einen vertikalen farbigen Streifen dargestellt. Die Farbe des Streifens entspricht der Farbe des betreffenden Gesteins. Zum Unterschied von der häufig verwendeten Streifenmethode (Žebera 1947), die durch die Breite des Streifens die Tiefe der Schicht unterhalb der Erdoberfläche darstellt, veranschaulicht in unserem Beispiel die Breite des Streifens beziehungsweise dessen Unterbrechung die Mächtigkeit der betreffenden Schicht. Der größten Mächtigkeit einer Schicht entspricht ein nichtunterbrochener breiter Streifen, der kleinsten Mächtigkeit ein schmaler unterbrochener Streifen. Abb. 4 zeigt Beispiele für die Darstellung von Deckschichten, ohne daß die Schraffen des Felsuntergrundes eingezeichnet wurden. Das Gebiet ist mit Löß bedeckt, unter dem sandige Schotter verschiedener Terrassen liegen. Die römischen Ziffern in den farbigen Flächen der gleichen Schichtmächtigkeit erhöhen die Leserlichkeit der Karte. In Klammern stehende Zahlen weisen darauf hin, daß die Mächtigkeit der ersten Schicht durch Bohrungen nicht sicher bestätigt ist. Daher wurden auch die die einzelnen Streifen bei der zweiten und dritten Schicht begrenzenden Linien nur punktiert gezeichnet. Die Grenzen der einzelnen Flächen sind stets schwarz eingezeichnet.

Diese Art der Darstellung ermöglicht auch die Darstellung einer dritten Schicht der Deckformation, die wieder durch Streifen, und zwar „Horizontal"streifen, erfolgt. Durch Änderung ihrer Breite wird in analoger Weise die Mächtigkeit veranschaulicht.

Ein unteilbarer Bestandteil der geologischen Karte (Blatt A) ist das Deckblatt mit den ingenieurgeologischen Zeichen. Mit einer sattroten (warnenden) Farbe werden jene morphologischen Terrainformen, z. B. steile Felswände, Rutschungen, Erosionsschluchten usw., dargestellt, die einen ungünstigen Einfluß auf die Gründungsverhältnisse ausüben. Die hydrogeologischen Daten sind blau eingezeichnet. Mit schwarzer Farbe sind jene Stellen dargestellt, an denen die Gesteine des Felsuntergrundes eine markante Eigenschaft aufweisen, wie starke Zerklüftung oder tiefgreifende Verwitterung. Weiterhin werden mit den gebräuchlichen Zeichen alle Steinbrüche, Schächte, Sand-, Lehmgruben usw. dargestellt, wodurch insbesondere auf eventuell vorhandene Lagerstätten von Baumaterialien hingewiesen wird. Die Flächen der bestätigten Mineralrohstoffvorräte und der Naturschutzgebiete sind rotviolett schraffiert. Diese Farbe soll nachdrücklichst darauf hinwiesen, daß dieses Gelände als Bauplatz nicht in Betracht kommt.

Da es in unserem Beispiel auf großen Flächen des kartierten Geländes zum Aufschluß von Braunkohlenlagerstätten kommen wird, werden in den Gebieten, die in Zukunft für Bergbauarbeiten vorgesehen sind und die mit Ausschüttungen bedeckt werden, alle für die Rekultivierung geeigneten Böden (Löß, holozäne Anschwemmungen, Torfböden) unter Anführung ihrer Kubatur eingezeichnet.

Blatt B, Dokumentationskarte

Die dokumentierten Punkte werden in die sechsfarbige Generalstabskarte 1:25000 der ČSSR eingezeichnet. Schwarz erscheinen alle dokumentierten Punkte, weiterhin Quellen, offene und verlassene Steinbrüche, Lehm-, Sand- und Schottergruben, Schächte mit den Grenzen des Bergbaugebiets usw. Die verschiedenen Arten der dokumentierten Punkte werden durch voneinander abweichende Zeichen dargestellt. Außerdem werden mit farbigen Signaturen jene Punkte bezeichnet, an denen Gesteinsproben für Laboranalysen (bodenmechanische, pedologische Untersuchungen, der Eignung als Baumaterial usw.) genommen werden. In dieser Karte erscheinen auch Angaben über unter- und oberirdische Wasservorkommen. Auf der Karte selbst kommen keine Zahlenangaben vor. Die Beschreibung der Aufschlüsse, der Sonden, der Aufgrabungen usw. findet man in einer Kartei der dokumentierten Punkte. Die Ergebnisse der Laboranalysen, der Feldvermessungsarbeiten werden in Tabellen zusammengestellt.

Blatt C, Karte der ingenieurgeologischen Rayons

Da die Grundkarte (Blatt A) nur Angaben über die Lagerungsverhältnisse der Gesteine enthält, so genügt sie nicht für die Beurteilung der Gründungsverhältnisse. Die Gesamtbewertung der ingenieurgeologischen Bedingungen zeigt das Blatt C. Das Gebiet wird nach seiner Eignung für die Bautätigkeit in drei Rayons eingeteilt, und zwar in wegen ihrer Baugrundverhältnisse für die Bebauung geeignete und ungeeignete Rayons. Diese Einteilung ist nicht nur durch die Lagerungsverhältnisse der Gesteine und ihre mechanischen Eigenschaften, sondern auch durch die morphologischen Verhältnisse bedingt. Weiterhin werden in der Karte Bergbaugebiete, lagerstättenhöffige und andere Gebiete berücksichtigt, die irgendwie gegen eine Bebauung sprechen. Von den für die Bebauung bestimmten Gebieten werden Flächen bestätigter Mineralrohstoffvorräte, weiterhin Naturschutzgebiete und auch landwirtschaftlich besonders wertvolle Grundstücke ausgeschlossen (Hopfen). Nach Beurteilung dieser Gegebenheiten kann dann jedes Gebiet in den entsprechenden ingenieurgeologischen Rayon eingestuft werden. Auf Grund lokaler Besonderheiten kann dann noch eine weitere, detaillierte Unterteilung in Subrayons vorgenommen werden.

Die Blätter der Karte C werden auf Transparentpapier gezeichnet. Die einzelnen Rayons werden farbig dargestellt, und zwar Rayons mit günstigen Gründungsbedingungen grün, mit befriedigenden Gründungsbedingungen blau und mit ungeeigneten Gründungsbedingungen rot (Farbe der Warnung). Die einzelnen Rayons werden mit römischen Ziffern (I bis III) und die Subrayons mit Buchstaben bezeichnet. Ihre kurze Charakteristik wird im Begleitbericht angeführt.

Auf dem Deckblatt sind ferner alle bedeutenderen offenen Steinbrüche, Sand-, Schotter-, Lehmgruben usw. mit roten Zeichen dargestellt. Durch auffallende Flächensignatur bezeichnet man jene Stellen, in deren Umgebung sich Mineralrohstofflager befinden, die bisher nicht untersucht wurden. Diese nichtbegutachteten Minerallagerstätten werden in die Rayonkarte nicht als ungeeignetes Gebiet eingezeichnet, sondern durch die

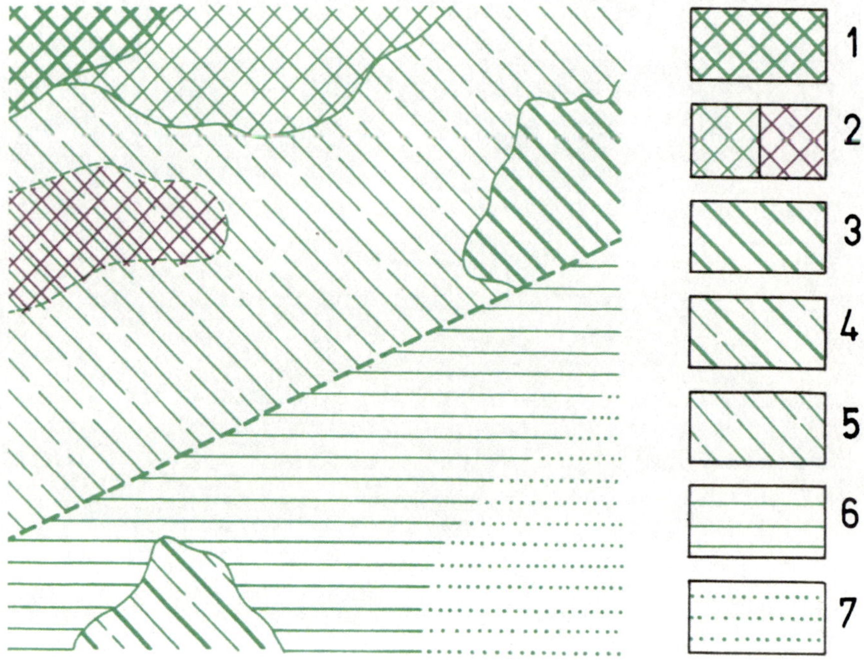

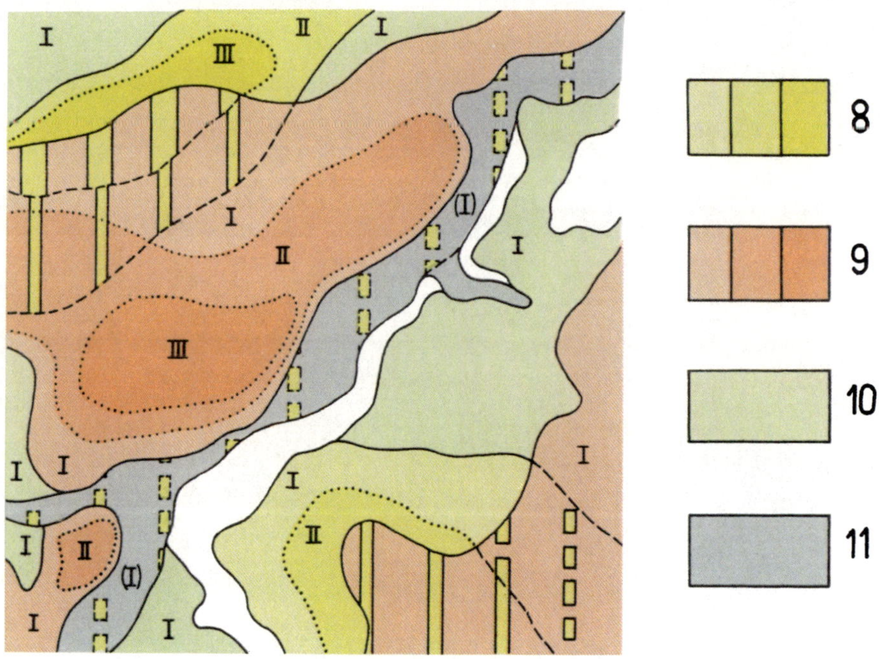

Abb. 4. Beispiel der Darstellung verschiedener Arten des Felsuntergrundes und der Deckformation

1 – Gneise; 2 – kaolinisierte Gneise: grün als oberste Schicht, violett als untere Schicht; 3 – Basalte; 4 – Wechsellagerung fester Basalte und Agglomerate mit weichen Tuffen; 5 – Tuffe und Tuffite; 6 – miozäne Tone; 7 – miozäne Sande; 8 – Terrassenschotter; 9 – Löß; 10 – deluviale Ablagerungen; 11 – holozäne Anschwemmungen

roten Zeichen wird nur auf die Möglichkeit künftiger Erkundungsarbeiten aufmerksam gemacht. Erkundete und bereits bemusterte Rohstoffvorkommen sind in der Karte als für die Bebauung ungeeignete Flächen dargestellt.

Diese Methode für die Darstellung ingenieurgeologischer Grundkarten im Maßstab 1:25000 wurde durch zahlreiche Versuche und Entwürfe sowie Vergleiche mit ausländischen Beispielen ausgearbeitet. Wir waren bestrebt, eine ihrem Zwecke im höchsten Maße entsprechende, eingehende, leicht lesbare, anschauliche und dabei übersichtliche Karte zusammenzustellen. Das jetzt fertiggestellte Musterblatt dieser Karte zeigt die Hauptmerkmale der neuen Kartierungsmethodik.

Zusammenfassung

Es wird ein Vorschlag für die Darstellung von mehreren übereinanderliegenden Horizonten auf der ingenieurgeologischen Karte vorgelegt.

Das beschriebene Kartierungsverfahren wird in der ČSSR als Streifenmethode bezeichnet. Aus der Karte lassen sich neben den verschiedenen lithologischen Horizonten auch deren Mächtigkeiten ablesen.

Резюме

Дается предложение для изображения нескольких горизонтов на инженерно-геологической карте, находящихся друг над другом.

Описанный способ картирования в ЧССР называется „полосчатым" методом Наряду с различными литологическими горизонтами, из карты можно отсчитать и их мощности.

Summary

A proposal is made to represent several horizons lying upon another in engineering-geological maps.

In Czechoslovakia such a mapping is described as stripe method. In addition to the different lithological horizons the map also enables a reading of their thicknesses.

Einige Angaben über die ingenieurgeologischen Verhältnisse der Stadt Moskau

Herbert Käbel, Berlin

Die verschiedenen Stadtbezirke Moskaus befinden sich im Bereich dreier geomorphologischer Einheiten. Der Südwesten liegt auf den Leninbergen (ca. 200 m NN), der Norden auf einer Grundmoränen-Hochfläche (ca. 150—160 m NN), und die übrigen Stadtteile erstrecken sich zusammen mit dem Zentrum im Tal der Moskwa und auf deren Terrassen (ca. 110—130 m NN).

Als Baugrund stehen sowohl Festgesteine (Kalkstein, Mergelstein) als auch Lockergesteine (Tone, tonige Sande und Sande) unterschiedlichen Alters und verschiedener Genese an. Die ältesten Gesteine, die in die Bautätigkeit einbezogen werden, sind drei Kalksteinbänke (je 10—15 m) des Oberen Karbon, die von Mergelsteinen und mergeligen Tonen (6—7 m) voneinander getrennt werden. Die Kalksteine sind sehr klüftig und teilweise schwach verkarstet. Auf der Oberfläche der Sedimente des Karbon ist ein altes Erosionsnetz erkennbar. Darüber folgen stellenweise kontinentale Tone und dann marine Tone des Oberen Jura (J_3 kl, J_3 oxf und J_3 km), die im Zentrum der Stadt völlig erodiert sind. Danach folgen tonig-sandige Ablagerungen der Wolga-Stufe (J_3 vlg). Auf den Leninbergen trifft man auch neokome Sande und durch Eisenhydroxyd verkittete Sandsteine an. Alle Schichten werden von fluvioglazialen Sanden bedeckt, die auch die tiefen alten Erosionsrinnen ausfüllen (bis 25 m). Im Bereich der Leninberge und der Grundmoränen-Hochfläche sind zwei Grundmoränen (gl Q_2^D = Saale und gl Q_2^M = Warthe) ausgebildet, die von fluvioglazialen Sanden getrennt werden. Auf den Wasserscheiden sind Decklehme weit verbreitet.

Die Aue der Moskwa hat eine durchschnittliche Höhe von 6 m über dem Wasserspiegel des Flusses und eine Breite bis zu 1,5 km. Die erste Terrasse besitzt eine Höhe von 13 bis 15 m und die zweite eine Höhe von ca. 30 m.

Das Grundwasser liegt in den alluvialen und fluvioglazialen Sanden in einer Tiefe von 2 bis 8 m. Auch die Ablagerungen der Grundmoränen sind schwach wasserführend. In den Kalksteinen des Oberen Karbon tritt gespanntes Grundwasser auf.

Die langjährigen ingenieurgeologischen Untersuchungen haben ergeben, daß die physikalisch-mechanischen Eigenschaften der bindigen Gesteine für jeden genetischen Typ innerhalb bestimmter Grenzen liegen. In Tab. 1 werden für die nach ihrer Entstehung geordneten bindigen Gesteine die wichtigsten verallgemeinerten Kennziffern angeführt.

Tab. 1. Ingenieurgeologische Charakteristik der tonigen Gesteine

	Gestein	Genesis	Kornverteilung Sand	Staub	Feinst.	Ausrollgrenze	Fließgrenze	Plastizitätszahl	Porenziffer	Kolloidale Aktivität	Konsistenzzahl
			%	%	% (Mc)	Wa	Wf	Wfa	ε	$Kp = \frac{Wfa}{Mc}$	$ß = \frac{Wn - Wa}{Wfa}$
1	sandige Tone	al Q 4	35	45	20	19	32	13	0,78	0,68	0,54
2	sandige Tone	gl Q_2^M	57	28	15	11	23	12	0,45	0,80	0,10
3	Tone	lgl Q_2^D	18	48	34	22	44	22	0,69	0,64	0,04
4	sandige Tone	gl Q_2^D	54	24	18	13	25	12	0,46	0,66	0,10
5	sandige Tone	J_3 vgl 1	57	30	13	24	40	16	0,89	1,23	0,44
6	Tone	J_3 oxf	24	51	25	36	75	39	1,27	1,56	0,23
7	Tone	J_3 kl	21	39	40	33	64	31	0,92	0,77	—0,09
8	Tone	C 3 ks	14	61	25	21	43	22	0,56	0,88	—0,04

Tab. 2. Ingenieurgeologische Daten über den Bau von sieben Hochhäusern

Hochhäuser	Schichtenfolge unter der Gründungssohle	Alter	Mächtigkeit in m	E-Wert kg/cm²	Gründungstiefe m	Projektierte Bodenpressg. kg/cm²	Berechnete Setzungsgrößen cm	Tatsächliche Setzungsgrößen cm max.	Tatsächliche Setzungsgrößen cm mittl.	Überkippung cm
Universität	Sandige Tone	$gl Q_2^D$	11 – 14	800	13	5	7	7,2	5,3	2,5
	Sande	$fgl Q_2$	5 – 6	2000						
	Sande	Cr_1apt	16 – 20	2000						
Smolensker Platz	Tone	$lgl Q_2$	0 – 2	300	10	4,6	9	7,4	6,3	2,0
	Sande	$fgl Q_2$	10	300						
	Tonige Mergel	C 3	4	400						
	Kalkstein	C 3	4	–						
	Tonige Mergel	C 3	6	400						
Kotelniki-Ufer	Tonige Mergel	C 3	3	300	7	4,1	4	6,5	5	2,0
	Kalkstein	C 3	9	–						
	Tonige Mergel	C 3	6	400						
	Kalkstein	C 3	> 10	–						
Platz des Aufstandes	Sande	al Q	0 – 5	130	6	3,6	13	16	11,2	4,0
	Tonige Sande und Tone	J_3 vlg	0 – 5	350						
	Tone	J_3 oxf	4 – 9	150						
	Kalkstein	C 3	> 10	–						
Rote Tore	Sande und Tone	al Q	3 – 4	170	7	3,8	29	18,2	13,4	2,0
	Sande	$fgl Q_2$	6 – 7	130						
	Sandige Tone	J_3 vgl	5 – 7	110						
	Tone	J_3 oxf	6 – 7	150						
	Kalkstein	C 3	> 10	–						
Hotel „Ukraine"	Sande, Kiese	al Q 4	6 – 13	500	10	4,2	7	11,5	9.7	2,0
	Kalkstein	C 3	0 – 5	–						
	Tonige Mergel	C 3	8 – 10	600						
	Kalkstein	C 3	> 10	–						
Komsomolplatz	Sandige Tone	J3 vlg	3 - 4	–	7	3,5	–	5,5	4,8	0,6
	Sande	J3 vlg	1	–						
	Tone	J3 oxf	9	–						
	Kalkstein	C 3	> 10	–						

Die Tone des Oberen Karbon liegen zwischen Kalksteinen. Sie sind fest, gut ausgeschwemmt und kalkhaltig. Ihr hohes spezifisches Gewicht von $\gamma_s = 2{,}77$ (gewöhnlich haben Tone $\gamma_s = 2{,}73$) und ihre niedrige Porenziffer von $\varepsilon = 0{,}56$ weisen auf eine hohe Verdichtung hin. Ihr Wassergehalt liegt unter der Ausrollgrenze ($\beta = -0{,}04$). Nach dem Kp-Wert sind ihre tonigen Eigenschaften schwach ausgeprägt, was auf einen großen Anteil von kaolinischen Mineralen zurückzuführen ist. Der Elastizitätsmodul E erreicht 940 kg/cm².

Die Tone der Callovien-Stufe wurden unter Flachwasserverhältnissen abgelagert. Sie bestehen aus terrestrischem und marinem Material mit schwach ausgeprägten kolloidalen Eigenschaften. Bei den Tonen der Oxford-Stufe dagegen, die aus überwiegend marinem Material (Glaukonit, Montmorillonit) bestehen, ist eine hohe kolloidale Aktivität zu beobachten. Sie sind stark quellfähig, verwittern leicht und sind nur schwach verfestigt. Der E-Wert dieser Tone liegt zwischen 200 und 400 kg/cm².

Die sandigen Tone der Wolga-Stufe rechnen auf Grund des großen Anteils von Montmorillonit und Glaukonit ebenfalls zu den aktiven Tonen (Kp = 1,23), obwohl sie Flachmeerbildungen sind. Ihr Elastizitätsmodul liegt bei 200 kg/cm².

Die Ablagerungen der beiden Grundmoränen bestehen aus schlecht sortiertem Material. Es handelt sich um sehr feste ($\varepsilon = 0{,}45$) sandige Tone mit niedriger kolloidaler Aktivität. Der E-Wert liegt verhältnismäßig hoch und beträgt 550—775 kg/cm².

Die limnischen und alluvialen Tone haben eine wechselnde Kornverteilung. Sie sind schwach verfestigt, und ihr Elastizitätsmodul erreicht nur geringe Werte, nämlich von E = 50—200 kg/cm².

In Moskau wurden bisher sieben Hochhäuser errichtet. Die wichtigsten ingenieurgeologischen Daten über ihren Bau sind in Tab. 2 zusammengefaßt. Alle (außer einem) wurden auf Lockergesteinen und oft auf schlecht verfestigten quartären Ablagerungen gegründet. Um die Setzungen der Gebäude zu verringern (sie sollten weniger als 15 cm betragen), wurden tiefe Gründungen vorgenommen. Die Setzungen wurden nach der Formel von JEGOROW berechnet, wobei eine gute Übereinstimmung zwischen den errechneten und den tatsächlichen Setzungsgrößen erzielt wurde. Daraus ergibt sich, daß man schwere Bauwerke praktisch auf jedem Baugrund gründen kann, wenn der unterirdische Teil der Fundamente entsprechend behandelt wird. So wurde z. B. bei dem Hochhaus am Komsomolplatz, wo jurassische Schwimmsande zwischen zwei Tonschichten auftraten, eine Pfahlgründung gewählt. Obwohl hier die Baugrundverhältnisse schlecht waren, erreichten die Setzungen geringere Werte als bei anderen Gebäuden.

(Alle Angaben wurden einer Lektion von I. S. KOMAROW an der Moskauer Hochschule für geologische Untersuchungen entnommen.)

Literatur über ingenieurgeologische Kartierung

Deutschsprachige Literatur

ASSMANN, P.: Mit Beiträgen von O. F. GANDERT, G. SIEBERT und G. SUKOPP: Der geologische Aufbau der Gegend von Berlin. Zugleich als Erläuterung zur geologischen Karte und Baugrundkarte von Berlin (West) im Maßstab 1:10000. – Hrsg. vom Senator für Bau- und Wohnungswesen Berlin, 1957.

BRÜHL, H., H. KAMMHOLZ & M. KNOTH: Erläuterung zur ingenieurgeologischen Situationskarte des Kreises Bernburg (Maßstab 1:50000). – Berlin 1960 (als Manuskript gedruckt).

DIENEMANN, W.: Subsoil Maps on the Basis of Engineering Geology Proceed. – 3. Intern. Kongr. f. Erd- u. Grundbau, 1, 19–24, Zürich 1953.

ECKEL, E. B.: Interpreting Geologic Maps for Engineers. – ASTM spec. Techn. Publ. 122, 1951.

GALLWITZ, H.: Angewandte Geologie und Erdbaumechanik im Unterricht der technischen Hochschulen. – Geol. Rdsch., 29, 396, Berlin 1938.

GRAUPNER, A.: Die Baugrundgeologie von Hildesheim. – Jb. Amt Bodenforsch. 1943 bis 1948, 349–409, Hannover/Celle 1951.

– Beispiele ingenieurgeologischer Baugrundkarten und Baugrundkarteien. – Vorträge der Baugrundtagung Hannover, S. 64–80, Hamburg 1953.

– Inhalt und Bedeutung von Baugrundübersichtskarten für Planungsaufgaben. – Neues Archiv für Niedersachsen (Landeskunde, Statistik, Landesplanung), 8 (13), 3, 232–236, Hannover 1955/56.

– Ingenieurgeologische Kartierung von Felsböden. – Bautechnik, 35, 6, 245–248, Berlin 1958.

– Beispiele ingenieurgeologischer Baugrundkarten. – Geologie und Bauwesen, 20, 2, 77–82, Wien 1953.

– Baugrundgeologie von Hildesheim. – Geol. Jb. für die Jahre 1943–1948, 64, 349–402, Hannover/Celle 1950.

– Ergebnisse aus einer modernen Bearbeitung des Baugrundes von Bremen. – Z. deutsch. geol. Ges., 105 (1953), 138–141, Hannover 1955.

GRAUPNER, A. & W. DIENEMANN: Der Aufbau der Stadt Hannover. – 3. Denkschrift – Der Baugrund, Hannover 1951.

GROSCHOPF, P.: Baugrunduntersuchungen im Ulmer Stadtgebiet. – Z. deutsch. geol. Ges., 102, 153–154, Hannover 1951.

GWINNER, M.: Eine geologische Baugrundkarte der Stadt Göttingen. Geologie u. Bauwesen, 22, 1, 49–53, Wien 1956.

– Die Anwendung der genetisch-morphologischen Bodenkunde in der Ingenieurgeologie, insbesondere zur Klassifizierung des Baugrundes auf Baugrundkarten. – Mitt. Arb. Geol.-Min. Inst. TH Stuttgart, 12, Stuttgart 1954.

HOYNINGEN-HUENE, P. F. von: Die Bodenkartierung im Dienst der Siedlungsplanung. – Planungswissenschaftl. Arbeitsgem., 3, Berlin 1934.

HRABOWSKI, K.: Zur Methodik der hydrogeologischen Spezialkartierung im Flachland. – Z. angew. Geol., 3, 2/3, 72–77, Berlin 1957.

HRABOWSKI, K., u. a.: Instrukcja w sprawie zestawienia i przytotowania do wydania map geologicznych 1: 200000. – Wydawnicta geologiczne, Warszawa 1958.

HRABOWSKI, K., E. FITZNER & W. GÜRGENS: Die hydrogeologische Spezialkartierung (1 : 25000), dargestellt am Beispiel des Meßtischblattes Senftenberg. – Wasserwirtschaft–Wassertechnik, 8, 8, 340–350, Berlin 1958.

KEGEL, W.: Kartenwerke des Reichsamtes für Bodenforschung. – Jb. Reichsamt. Bodenforsch., 63, 599–628, Berlin 1943.

KEIL, K.: Geotechnik. – Halle 1959.

– Baugrundkarten im Straßenbau. – Straßen und Tiefbau, 6, 1, 24–27, Heidelberg 1952.

KÖHLER, R. & A. THOMAS: Über den Stand der ingenieurgeologischen Kartierung in der DDR. – Z. angew. Geol., 4, 86–94, Berlin 1958.

– Von der Bodenkarte zur Baugrundkarte. – Bergakademie, 11, 8, Berlin 1959.

KORUP, H.: Das Baugrundkartenwerk von Berlin. – Allgemeine Vermessungsnachrichten Berlin. – Wilmersdorf, 10, Berlin 1957.

LANGEN, G.: Die städtebaulichen Einheitspläne. – Aus: Städtebau, Siedlungswesen, Wohnwesen, S. 74–75, Berlin 1916.

MOLDENHAUER, E.: Die Baugrundkarte des Danziger Stadtgebietes. – Schriften Nat. Ges. in Danzig, XVII, 3, Danzig 1926.

MÜCKENHAUSEN, E.: Bodenkundliche Karten für die Siedlungs- und Landesplanung. – Allgem. Vermessungsrecht, 5, Berlin 1937.

MÜCKENHAUSEN, E. & E. H. MÜLLER: Geologisch-bodenkundliche Kartierung des Stadtkreises Bottrop i. W. für Zwecke der Stadtplanung. – Geol. Jb. 1950, 66, 179–202, Hannover 1952.

MÜLLER, R.: Ingenieurwissenschaftliche Geländeuntersuchungen in der Stadt- und Landesplanung. – Deutsche Wasserwirtschaft, 37, 3, 113 bis 122; 4, 100–170; 5, 223–233, München 1942.

– Bodenkundliche Arbeiten für die Stadt- und Landesplanung. – In: Ingenieurgeologie, 2, von L. BENDEL, Wien 1948.

NIGGLI, P. & F. DE QUERVAIN: Geotechnische Karte der Schweiz 1 : 200000. – Hrg. v. d. Geotechn. Komm. d. Schweiz. Nat. Ges.

ORTH, A.: Über Untersuchung und kartographische Aufnahme des Bodens und Untergrundes großer Städte. – 1873.

OSTENDORFF, E.: Das Bodenkartenwerk der Gemeinde Bippen. – Z. deutsch. geol. Ges., 91, 581–591, Berlin 1939.

– Bodenkundliches Kartenwerk (Raumordnungsplan auf bodenkundlicher Grundlage) der Gemeinde Bippen (Provinz Hannover). – Provinzial-Institut für Landesplanung und Niedersächsische Landes- und Volksforschung Hannover-Göttingen, Reihe K, 2 u. 3, Berlin 1942.

– Grundlage und Methode neuzeitlicher Bodenaufnahme mit kartenmäßiger Anwendung in landwirtschaftlicher und technischer Hinsicht unter besonderer Berücksichtigung von Beispielen aus dem Niedersächsischen Wirtschaftsraum. – Provinz. Inst. Landesplanung und Niedersächs. Landesforschung Hannover/Göttingen. Veröffentlichungen Reihe A, I, 26, Oldenburg 1945.

– Boden und Baugrund als Grundlage der Planung. – Der Bauhelfer, 5, 13, 346–348, Berlin 1950.

OSTENDORFF, E., D. BEETZ & M. GWINNER: Bodenkartenwerk Wirtschaftsraum Stadt- u. Landkreis Göttingen. – Manuskript 1949/1950.

RÖBLING, I. & G. THAMM: Erläuterung zur ingenieurgeologischen Karte der Stadt Berlin, Stadtbezirk Mitte (Maßstab 1: 4000). – Berlin 1960 (als Manuskript gedruckt).

ROST, M.: Zu Fragen der ingenieurgeologischen Baugrundkartierung, besonders im Mittelgebirge. – Z. angew. Geol., 4, 174–179, Berlin 1958.

SINGER, M.: Der Baugrund. Praktische Geologie für Architekten, Bauunternehmen und Ingenieure. – Springer-Verlag, Wien 1932.

STREMME, H.: Die Bodenkartierung als wichtigste Vorarbeit der Generalplanung. – Aus: Die Umstellung im Siedlungswesen. Hrsg. von Prof. MUESMANN, Stuttgart 1932.

– Die bodenkundliche Siedlungskartierung, erläutert a. d. Bodenkarte des Kreises Marienburg. – Planungswissenschaftl. Arbeitsgem., 3, Berlin 1934.

– Die Bodenkartierung. – In BLANCK: Handbuch der Bodenlehre, Bd. X, Berlin 1932.

– Neue Wege der geologischen und bodenkundlichen Landesaufnahme. – Forschungen und Fortschritte, 8, 4, 46–47, Berlin 1932.

– Die geologische und bodenkundliche Landesaufnahme der Freien Stadt Danzig als Beispiel einer Spezialkartierung mit Auswertungskarten. – Z. deutsch. geol. Ges., 89, 343–357, Berlin 1937.

STREMME, H. & E. MOLDENHAUER: Ingenieurgeologische Baugrundkarte der Stadt Danzig. – Z. prakt. Geol., 20, 7, Berlin 1921.

TRENEL, M.: Aufgabe und Organisation der Bodenkartierung. – Reichsplanung, 9, Berlin 1936.

WÄCHTER, K.: Ingenieurgeologische Kartenwerke als Unterlage für die Stadt- und Dorfplanung. – Bauplanung–Bautechnik, 12, 7, 307–310, Berlin 1958.

WILD, H.: Das Grundwasser des nördlichen Industriegebietes von Heilbronn und sein Einfluß auf ein technisches Bauwerk. – Jh. Geol. Abt. Württ. Staat. Landesamt, 1, 127–132, Stuttgart 1952.

Unveröffentlichte Diplomarbeiten und Dissertationen

BENOX, D.: Baugrunduntersuchungen im Stadtbereich von Wismar. – Diplomarbeit, Geol.-Pal. Inst. Univ. Greifswald 1958.

BENZ, H.: Die ingenieurgeologischen Probleme des Stuttgarter Diluviums und ihr Einfluß auf die Form der Städtebaugrundkartierung. – Diss., TH Stuttgart 1949/51.

BETZ, D.: Boden und Baugrund in Bremerhaven. – Diplomarbeit, TH Stuttgart 1949.

GWINNER, M.: Geologische Beschreibung des Stadtgebietes Bremerhaven. – Diplomarbeit, TH Stuttgart 1949.

HILLE, R.: Baugrunduntersuchungen im Stadtkreis Zwickau. – Diplomarbeit, Bergakademie Freiberg 1957.

JANSON, J.: Ingenieurgeologische Untersuchungen im Zuge der Schürf-, Bohr- und Verpreßarbeiten an der geplanten Flöhatalsperre bei Cämmerswalde. – Meldearbeit, Bergakademie Freiberg 1957.

LANGE, G.: Der Baugrund der Stadtgemarkung Greifswald. – Diplomarbeit, Geol.-Pal.Inst. Univ. Greifswald 1958.

LANGGUTH, H. R.: Ingenieurgeologische Untersuchungen für die Projektierung der Hochwasserrückhaltebecken im Flußnetz der Eine. – Diplomarbeit, Geol. Inst. Univ. Halle 1958.

MEINECKE. W.: Baugrunduntersuchungen im Stadtbereich von Schwerin. – Diplomarbeit, Geol-Pal. Inst. Univ. Greifswald 1958.

MOLDENHAUER, E.: Die Ausgestaltung der historisch-geologischen Karte des Danziger Stadtgebietes zu einer technisch-geologischen. – Diss., TH Danzig, 1921, und Halle, Knapp-Verlag 1921, (Auszug).

MÜLLER, R.: Die Kartierung nach Bodentypen als Grundlage systematischer Vorarbeiten für Siedlungsplanung. – Diss., Verlagsgesellschaft R. Müller Eberswalde 1938.

NEUBERT, K.-H.: Ingenieurgeologische Untersuchungen bei den Vorarbeiten an der Talsperre bei Geising. – Meldearbeit, Bergakademie Freiberg 1956.

REUSSNER, W.-D.: Die ingenieurgeologischen Auswirkungen der alten Wasserläufe der Elbe und ihrer linksseitigen Nebenflüsse im Bereich der Stadt Dresden. – Meldearbeit, Bergakademie Freiberg 1954.

RIEGER, H.-M.: Ingenieurgeologische Untersuchung im Stadtkreis Dresden. – Diplomarbeit, Bergakademie Freiberg 1957.

SPONHOLZ, G.: Der Baugrund des Stadtkreises Stralsund. – Diplomarbeit, geol.-pal. Inst. Univ. Greifswald 1958.

TIEDEMANN, B.: Der Baugrund des Königsberger Stadtgebietes in geologischer Erforschung. – Diss., Mitt. a. d. geol.-pal. Inst. Univ. Königsberg 1927.

WÄCHTER, K.: Entwurf einer Baugrundkarte von Magdeburg, Maßstab 1 : 10000. – Diplomarbeit, Geol. Inst. Univ. Halle 1957.

WAMSER, W.: Die ingenieurgeologischen Auswirkungen des alten Laufes des Chemnitzflusses im Bereich von Karl-Marx-Stadt. – Meldearbeit, Bergakademie Freiberg 1954.

– Ingenieurgeologische Untersuchungen im Bereich der Stadt Karl-Marx-Stadt. – Diplomarbeit, Bergakademie Freiberg 1956.

WEDER, H.-J.: Ingenieurgeologische Untersuchungen bei den Vorarbeiten für die Talsperre im Gimmlitztal bei Freiberg. – Meldearbeit, Bergakademie Freiberg 1954.

Fremdsprachige Literatur

Volksrepublik Bulgarien

Methodik der Aufstellung ingenieurgeologischer Karten für verschiedene Arten des Bauwesens. Bericht an die Sektion Ingenieurgeologie und Hydrogeologie des RgW. – Sofia 1960 (als Manuskript gedruckt).

Volksrepublik Polen

IWANOWSKI, M.: Ingenieurgeologische Dokumentation. – Przeglad Geologiczny, Nr. 4, Warschau 1957.

MALINOWSKI, J.: O sposobie sporzadzania map geologicznoinzynierskich (Über die Anfertigung ingenieurgeologischer Karten). – Przeglad Geologiczny, Nr. 12, Warschau 1954.

– Mapa geologiczno-inzynierska Polski 1 : 300000. – Przeglad Geologiczny, Nr. 4, Warschau 1957.

WATYCHA, L.: Przegladowa mapa geologiczno-inzynierska Polski, jej tresc i mozliwosci praktycznego zastosowania (Die ingenieurgeologische Übersichtskarte Polens, ihr Inhalt und die Möglichkeiten ihrer praktischen Anwendung). – Kwartalnik Geologiczny, Nr. 3, Warschau 1959.

Volksrepublik Rumänien

CIOCÎRDEL, R.: Instruktionen für technisch-geologische Aufnahmearbeiten. – Studii Technice sie Economice, Seria F, H. 1, Bukarest 1952.

Volksrepublik Ungarn

GABOS, G.: Bodenkarten für das Bauwesen. – Magyar Epitöipar 1957.

LANTOS, Z.: Die Verwendung der Bodenkarte für das Bauwesen Budapests in der Stadtplanung und Baubetätigung der Hauptstadt. – Magyar Epitöipar 1959.

UdSSR

ARCHANGELSKI, G. I.: Verfahren zur Aufstellung geologischer und ingenieurgeologischer Karten. – Raswedka Nedr, Nr. 23 und Nr. 24, 1937.

BELJAJEW, K. L.: Zur Methodik der ingenieurgeologischen Kartierung. – Raswedka Nedr, Nr. 17, 1937.

BJELY, L. D., u. a.: Ingenieurgeologische Untersuchungen bei der Projektierung und dem Bau hydroenergetischer Anlagen. – Moskau-Leningrad 1953.

– Theoretische und praktische Grundfragen der Ingenieurgeologie im hydroenergetischen Bauwesen. – Moskau – Leningrad 1957.

KOLOMENSKI, N. W.: Ingenieurgeologie, Teil II. – Moskau 1956.

NIKOLAJEW, N. J.: Das Problem der ingenieurgeologischen Karte. Problemy sowjetskoi geologii, Nr. 3, Moskau 1936.

PANJUKOW, P. N.: Über die Methodik zur Aufstellung ingenieurgeologischer Karten. – Mitt. des Moskauer geol. Trusts, IV, S. 103 – 110, Moskau 1937.

POPOW, I. W.: Erfahrungen bei der Anfertigung ingenieurgeologischer Übersichtskarten. – Arb. d. Mosk. Hochsch. f. geol. Erkund., 26, Moskau 1954 (Trudy MGRI).

– Ingenieurgeologie. – Moskau 1959.

POPOW, I. W., R. S. KAZ, A. K. KORIKOWSKAJA & W. P. LASARJOWA: Methodik der Aufstellung ingenieurgeologischer Karten. – Gosgeolisdat, Moskau 1950.

POPOW, I. W., u. a.: Ingenieurgeologische Untersuchungen für das hydroenergetische Bauwesen. – Moskau 1950.

PRIKLONSKI, W. A., u. a.: Ingenieurgeologische Untersuchungen, Leitfaden für die Planung und den Aufbau der Städte. – Moskau 1950.

SAVARENSKI, F. P.: Handbuch für Ingenieurgeologie. – Moskau – Leningrad 1939.

SMIRNOW, A. A.: Karten der ingenieurgeologischen Verhältnisse und Karten der ingenieurgeologischen Rayons. – Sowjetskaja Geologija, Nr. 2, Moskau 1939.

Autorenkollektiv: Organisation und Durchführung hydrogeologischer Aufnahmen der Maßstäbe 1 : 100000 und 1 : 200000. – Moskau 1959.

ČSSR

FENCL, J. & Q. ZÁRUBA: Geologische Verhältnisse der Umgebung des Badeortes Teplice in Böhmen. – Sbornik Ustredniko ustavu Geologického, Svazek XXII – 1955, Prag 1956.

FUSÁN, O., Q. ZÁRUBA & K. HROMADA: Geologische Erkundung des Hornad-Tales für Wasserwirtschaftsstudien. – Geotechnika, Bratislava 1954.

MATULA, M.: Ingenieurgeologische Rayonierung des Slana-Tales. – Geologický sbornik SAV, Bratislava 1954.

– Übersicht ingenieurgeologischer Forschungsaufgaben im hydroenergetischen Bauwesen. – Geologické práce, Bratislava 1956.

POSVAR: Technologicke mapy pokryvných útvaru kraje Ostrava 1 : 25000. – Brno, Vecdeko, výsk. ustav dopravni, Brno 1957.

PROKOP, F.: Geologische Verhältnisse der Talsperren an den böhmischen Flüssen. – Geotechnika, Prag 1957.

ZÁRUBA, Q.: Der geologische Untergrund und die Baugrundverhältnisse der Prager Innenstadt. – Prag 1949.

ZÁRUBA, Q. & J. FENCL: Der Baugrund der Stadt Česka Lipa und der umliegenden Gemeinden. – Prag 1949.

ZÁRUBA, Q. & K. HROMADA: Technisch-geologische Analyse des Stadtgebietes von Kutná Hora. – Prag 1950.

ŽEBERA, K.: Geologie in der regionalen Planung.

ZOUBEK, V.: Geologische Grundlagen zum Projekt der Talsperre an der Moldau. – Prag 1953.

Methodik der ingenieurgeologischen Kartierung und der Aufstellung ingenieurgeologischer Karten

Auf der Tagung des Rates für gegenseitige Wirtschaftshilfe am 9. 7. 1959 in Moskau wurde die Ausarbeitung einer methodischen Richtlinie für die ingenieurgeologische Kartierung beschlossen.

Die Methodik der ingenieurgeologischen Kartierung hat den Zweck, die Qualität der für das Bauwesen erforderlichen ingenieurgeologischen Karten auf einen hohen Stand zu bringen und die Durchführung der ingenieurgeologischen Arbeiten für die verschiedenen Arten des Bauwesens und für die verschiedenen Stadien der Projektierung zu beschleunigen, ökonomischer zu gestalten und die auf diesem Gebiete anfallenden Arbeiten, Normen und Richtlinien zu vereinheitlichen.

Die beiliegende Methodik dient als allgemeine Richtlinie für die Erarbeitung von ingenieurgeologischen Karten aller Maßstäbe.

Sie wurde auf der Tagung über die Methodik der ingenieurgeologischen Kartierung, die in der Zeit vom 18. Oktober bis 24. Oktober 1960 in Berlin stattfand, von den Vertretern der teilnehmenden Länder angenommen.

Berlin, im Oktober 1960

1. Vorbemerkungen

1.1 Definition der Ingenieurgeologie

Die Ingenieurgeologie ist eine vorwiegend auf den geologischen Wissenschaften beruhende selbständige Fachrichtung; ihr Anwendungsbereich erstreckt sich auf die Mitarbeit bei der gesamten geländegebundenen technisch-wirtschaftlichen Wirksamkeit der menschlichen Gesellschaft. Sie stellt eine Verbindung zwischen der ingenieurtechnischen Tätigkeit auf der einen und der geologischen Situation eines Territoriums auf der anderen Seite dar.

Gegenstand der Bearbeitung sind die oberen Schichten der Erdrinde als Baugrund Baustoff (Ton-, Sand-, Gesteinsvorkommen) und Bauraum (Hohlbauten, Tunnel, Kavernen), wobei die tieferen Schichten insofern zu berücksichtigen sind, als Veränderungen in diesen den Baugrund und damit die Bebauung beeinflussen.

Die Form der Mitarbeit findet Ausdruck in

a) Begutachtungen, Stellungnahmen, Beratungen, Dokumentationen (Baugrundabnahmen, Schnitten, Profilen),

b) ingenieurgeologischen Kartierungen.

Die Ingenieurgeologie schafft die von den planenden, projektierenden, bauausführenden und betrieblich-verwaltenden Institutionen für die ingenieurtechnische Inanspruchnahme eines Territoriums benötigten Unterlagen hinsichtlich der ingenieurgeologischen Verhältnisse des Geländes und der jetzt und künftig auf diesem Gelände durch Baumaßnahmen bedingten Folgeerscheinungen. Die Art der ingenieurgeologischen Mitarbeit richtet sich nach dem Entwicklungsstadium und der allgemeinen Zweckbestimmung und bei bautechnischen Maßnahmen außerdem noch nach den spezifischen Erfordernissen des Objektes.

1.2 Ingenieurgeologische Kartierung

Aufgabe der ingenieurgeologischen Kartierung ist es, dem Planer und Bauingenieur eine kartenmäßige Unterlage für die Planung und Projektierung von Bauwerken aller Art in die Hand zu geben, aus der er Flächen gleicher ingenieurgeologischer Bedingungen ersehen kann. Die ingenieurgeologische Karte ist die flächenmäßige Projektion aller wichtigen ingenieurgeologischen Gegebenheiten des oberen Teiles der Erdrinde. Sie muß in leicht lesbarer Form eine Übersicht gestatten, die auf die Fragen, unter welchen Bedingungen gebaut werden kann, Auskunft gibt. Entsprechend den verschiedenen Projektierungsstadien sind bezüglich des Grades der Genauigkeit und der Detaildarstellungen unterschiedliche Forderungen zu stellen. Für die Planung benutzt man in der Regel Karten kleineren Maßstabs, die aus dem vorliegenden allgemeinen geologischen Unterlagenmaterial angefertigt werden; für die letzten Etappen der Projektierung werden Karten mit größerem Maßstab angefertigt, deren Grundlage die spezielle ingenieurgeologische Geländeaufnahme und Laboratoriumsuntersuchungen sind.

Mit Ausnahme der Detailkarten werden alle übrigen Karten blattweise im internationalen Schnitt herausgegeben.

Für die Ausarbeitung der ingenieurgeologischen Karte geht man grundsätzlich von den vorhandenen geologischen Karten aus. Gibt es für das aufzunehmende Gebiet die geologische Karte noch nicht, ist eine komplexe ingenieurgeologische Aufnahme durchzuführen. Unter der komplexen ingenieurgeologischen Aufnahme wird eine geologische, hydrogeologische, geomorphologische und ingenieurgeologische Kartierung usw. verstanden.

1.3 Darstellung auf der Karte

Die Darstellung auf der Karte muß so erfolgen, daß sie

a) dem projektierenden Ingenieur verständlich ist. Es ist dabei zu beachten, daß er gewöhnlich nicht in der Lage ist, geologische Karten zu lesen, ingenieurtechnisch zu deuten und auszuwerten.

b) Die Karten werden unter Berücksichtigung aller geologischen Forderungen aufgestellt und können den Projektanten von geologischen Beratern erläutert werden.

Bezüglich der Darstellung hat sich gegenüber geotechnischen Klassifikationen der Gesteine, die nur eine oder wenige Eigenschaften der Gesteine berücksichtigen und Übergänge nur schwer erfassen lassen, eine Darstellung bzw. Klassifikation der Gesteine auf geologisch-genetischer Grundlage bewährt. Die geologisch-genetische Klassifikation ermöglicht das Erfassen sämtlicher Übergänge und somit eine genaue Einordnung jedes Gesteines. Die Bezeichnung eines Gesteines geschieht entsprechend den in den Ländern bzw. international verbindlichen Vorschriften für die Benennung der Gesteine. Die Erfahrungen haben gezeigt, daß die einzelnen bodenphysikalischen Kennziffern innerhalb der in der geologisch-genetischen Reihe ausgeschiedenen Gesteinsgruppen für gleiche Gesteine etwa gleich sind.

2. Die Einteilung der ingenieurgeologischen Karten

2.1 Kartenarten

Nach der allgemeinen Aussagekraft werden folgende Kartenarten unterschieden:

a) Analytische Karten

Sie stellen nur einen oder wenige charakteristische Kennwerte oder Gesteinsgruppen, unterschieden nach einzelnen Kennwerten, dar (z. B. Karte der Wasserdurchlässigkeit; Karte der rolligen, bindigen und festen Gesteine; Karte der Gebiete gleicher Setzungsausmaße usw.).

b) Synthetische Karten

Auf synthetischen Karten wird eine Gesamtbewertung der ingenieurgeologischen Verhältnisse, zugeschnitten auf eine oder auch auf mehrere Arten der Bebauung, gegeben. Die synthetischen Karten können aus einem Blatt bestehen (bei einfachen geologischen Verhältnissen) oder durch einige Hilfskarten ergänzt werden (bei komplizierten geologischen Verhältnissen).

2.2 Die ingenieurgeologischen Karten, unterschieden nach Projektierungsstadien

Unabhängig von ihrer Bestimmung, von ihrem Charakter und der Art der Bauweise werden die Karten entsprechend den Projektierungsstadien und den Maßstäben in folgende Hauptkategorien eingeteilt:

a) Ingenieurgeologische Übersichtskarten (im Maßstab 1:200000 und kleiner)

Sie dienen der Standortwahl in der Etappe der Perspektivplanung für verschiedene Objekte von größerer volkswirtschaftlicher Bedeutung und geben eine Grundlage, sowohl für die Regionalplanung im Zusammenhang mit geologischen, hydrogeologischen und lagerstättenkundlichen Karten als auch speziell für die Ingenieurgeologie für eine sachgemäße und wirtschaftliche Projektierung von ingenieurgeologischen Folgearbeiten.

Sie werden für das erste Projektierungsstadium hergestellt.

b) Ingenieurgeologische Situationskarte (im Maßstab 1:100000—1:25000)

Sie wird als Planungsunterlage innerhalb kleinerer Verwaltungsgebiete (DDR: Kreise und Bezirke) für sämtliche Arten von Bauwerken angefertigt und gleichzeitig als Unterlage für sachgemäße und wirtschaftliche ingenieurgeologische Projektierung für die Aufstellung von ingenieurgeologischen Spezial- und Detailkarten und spezielle ingenieurgeologische Untersuchungen. Für größere Objekte (Geländewahl für Trassierungen, Regulierung von Wasserläufen und ihre wirtschaftliche Nutzung, großräumige Siedlungsplanung) wird sie hergestellt als Unterlage für das Schema der Bebauung bzw. als Plan für die Standortverteilung der einzelnen Anlagen bei größeren Bauvorhaben. Sie wird für das zweite Projektierungsstadium hergestellt.

c) Ingenieurgeologische Spezialkarte (im Maßstab 1:25000—1:5000)

Die ingenieurgeologische Spezialkarte gestattet eine genauere Aussage über die Anordnung einzelner Bauwerke im Rahmen eines größeren Objektes des Baugeschehens, wie Industriebau und Anlage von Knotenpunkten bei Trassierungen (Verkehr, Hydrotechnik usw.). Für den normalen Städtebau stellt sie bei einfachen ingenieurgeologischen Verhältnissen die endgültige Projektierungsgrundlage dar. Sie wird für das dritte Projektierungsstadium hergestellt.

d) Ingenieurgeologische Detailkarte (im Maßstab größer als 1:5000)

Diese Karten stellen endgültige Unterlagen bei der Standortwahl der verschiedenartigen Anlagen des Industriebaus, bei der Ausführung von Knotenpunkten bei Trassierungen und auch beim Städtebau dar, wenn es sich um komplizierte geologische Verhältnisse handelt. Sie werden für das vierte Projektierungsstadium hergestellt.

3. Allgemeine Richtlinien zur Aufstellung ingenieurgeologischer Karten

3.1 Allgemeine Grundsätze

3.11 Die Karten sollen dem Planer und dem projektierenden Ingenieur in leicht lesbarer Form eine Übersicht über die Art des Baugrundes und Hinweise über ingenieurgeologische oder bautechnische Maßnahmen geben. Ingenieurgeologische Karten dürfen deshalb nicht nur auf eine oder wenige Fragen Auskunft geben, sondern sie müssen so beschaffen sein, daß der Planer und der projektierende Ingenieur jederzeit in der Lage sind, die zweckmäßigste Trassierung, den Standort oder die Gründung selbst zu erkennen. Die Karte darf also keine geotechnische sein, sondern muß nach geologischen bzw. ingenieurgeologisch-genetischen Gesichtspunkten aufgebaut sein. Nur bei ganz speziellen Fragestellungen wird man analytische Karten anfertigen.

3.12 Bei der Anfertigung der ingenieurgeologischen Karten sind folgende Einzelheiten zu berücksichtigen:
a) Geomorphologie,
b) geologische Struktur (Tektonik und Lagerungsverhältnisse),
c) Lithologie und Pedologie,
d) Hydrogeologie,
e) rezente und fossile geologisch-physikalische Prozesse, soweit sie Einfluß auf das Baugeschehen nehmen können,
f) bodenphysikalische Eigenschaften der Gesteine.

3.13 Bei der Darstellung der Morphologie ist zu berücksichtigen, daß folgendes erkennbar sein muß:
a) in welchem Umfang Erdarbeiten erforderlich sind,
b) inwieweit technische Arbeiten erforderlich sind, um das Gelände für den Bauzweck besonders herzurichten,
c) welche Möglichkeiten bestehen, um den Bauplatz an das Verkehrsnetz anzuschließen,
d) ob und in welchem Maße Vorkehrungen für die Oberflächenentwässerung usw. getroffen werden müssen.

3.14 Das Relief ist in der Regel an Hand der Höhenschichtlinien und der Höhenmarken direkt aus der Karte abzulesen. Die geomorphologischen Elemente sind nach Art ihrer Genese und petrographischem Aufbau zu unterscheiden und darzustellen (z. B. Terrassen, Schuttkegel, Steilhänge usw.).

3.2 Grundlagen der ingenieurgeologischen Klassifikation

3.21 Bei der ingenieurgeologischen Kartierung wird die Klassifikation der Gesteine auf geologisch-genetischer Grundlage, unter Berücksichtigung der ingenieurgeologischen Eigenschaften der Gesteine, durchgeführt. Dabei müssen unbedingt unterschieden werden:

3.22 Formationen, d. h. solche natürlich-historischen Gesteinskombinationen, die durch Paragenese verbunden und bestimmten faziellen Zonen zugeordnet sind.
Die Formationen werden nach folgenden Gesichtspunkten ausgeschieden:
Der stofflichen (petrographischen) Zusammensetzung und der Besonderheit der Kombination des Gesteinskomplexes oder dem Charakter der Schichtung (siehe Erläuterungsschema, Anhang A).

3.23 Geologisch-genetische Komplexe, d. h. solche Gesteine, die sich bei gleichen faziellen Bedingungen gebildet haben (siehe Anhang A).

3.24 Petrographische Typen, d. h. Gesteine, die eine ähnliche mineralogische Zusammensetzung, Struktur und Textur besitzen (siehe Anhang A).

3.25 Ingenieurgeologische Arten, d. h. Gesteine ein und desselben Types, die sich jedoch durch petrographische Besonderheiten unterscheiden (siehe Anhang A), und wenn diese petrographischen Besonderheiten auf die ingenieurgeologischen Eigenschaften der Gesteine Einfluß besitzen.

3.26 Ingenieurgeologische Abarten, d. h. Gesteine einer ingenieurgeologischen Art, die sich jedoch durch ihren Zustand unterscheiden (siehe Anhang A).

3.27 Außer den o. a. taxonomischen Einheiten werden auf Karten und Schnitten großen Maßstabs ingenieurgeologische Elemente ausgegliedert, für die man mittlere Werte der physikalisch-technischen Eigenschaften der Gesteine errechnen kann.
Diese Elemente (Schichten, Linsen und geologische Körper anderer Formen) müssen folgenden Bedingungen entsprechen:
a) Sie müssen gleicher Genese sein,
b) sie müssen in allen Punkten ähnliche Kennwerte der Textur, der Struktur, der Zusammensetzung und des Zustandes aufweisen,
c) die Kennwerte der Eigenschaften in allen Punkten dürfen sich nicht gesetzmäßig verändern.

3.28 Bei der ingenieurgeologischen Rayonierung, d. h. bei der territorialen Verallgemeinerung der ingenieurgeologischen Verhältnisse, muß die Notwendigkeit der Ausgliederung von ingenieurgeologischen Gesteinskomplexen berücksichtigt werden, weil Komplexe verschiedener Zusammensetzung auch verschiedenartige ingenieurgeologische Verhältnisse bedingen.

3.3 Hydrogeologische Darstellungen
Die hydrogeologischen Darstellungen müssen derart umfangreich sein, daß bei den Übersichts- und Situationskarten eine allgemeine Einschätzung und bei den Spezial- und Detailkarten eine genaue Einschätzung der Grundwasserverhältnisse im Hinblick auf ihre Wirkung auf das Bauwerk möglich ist. Dabei wird die Charakterisierung des Grundwassers auf Übersichts- und Situationskarten durch Auftragung von Zeichen und Signaturen erfolgen, während bei Spezial- und Detailkarten selbständige hydrogeologische Beikarten angefertigt werden. Die hydrogeologische Karte muß den Richtlinien für die Anfertigung von hydrogeologischen Karten entsprechen und die ingenieurgeologischen Besonderheiten berücksichtigen sowie auch die vorgesehene Bauweise.

3.4 Geologisch-physikalische Prozesse
Die Kennzeichnung von Gebieten mit ingenieurgeologisch wichtigen rezenten oder fossilen geologisch-physikalischen Prozessen wird bei sämtlichen Karten durch Einschreibung von Signaturen oder Zeichen in die Karte vorgenommen.
Von ähnlicher Bedeutung wie die natürlichen geologisch-physikalischen Prozesse sind die künstlichen Veränderungen, so daß ihre Kennzeichnung ebenfalls nötig ist. Bei der Darstellung ist darauf zu achten, daß nach Möglichkeit eine qualitative und quantitative Bewertung möglich ist.
Besonders wichtig ist die Kennzeichnung von Rutschungen, Karst, Frostboden, Auslaugungsschäden, Bergbauschäden, Halden sowie alle bekannten im Baugrund begründeten Bauschäden und anderes mehr.
Bei sämtlichen Darstellungen der o. a. Arten muß ersichtlich sein, ob die Veränderungen noch aktiv oder ob sie bereits abgeschlossen sind.

3.5 Dokumentationskarte
Insbesondere bei den Spezial- und Detailkarten ist eine gesonderte Beikarte anzufertigen, die einen Überblick über die zur Verfügung stehenden und ausgewerteten Aufschlüsse und Brunnen gestattet, und zwar unterteilt nach der Art der Aufschlüsse und der aus ihnen entnommenen Proben oder in ihnen vorgenommenen Versuche, gemessenen Wasserstände usw. Außerdem ist auf diesen Karten alles sonstige Unterlagenmaterial darzustellen, u. a.:
a) bereits begutachtete Flächen und Bauwerke,
b) Bauwerke, von denen besondere Beobachtungen vorliegen (z. B. Schäden, Senkungsmessungen usw.),
c) Profillinien.
Diese Dokumentations- oder Aufschlußkarte bietet gleichzeitig einen Anhaltspunkt über den Sicherheitsgrad der auf den übrigen Karten vorgenommenen Darstellungen.

3.6 Aufbau des Kartenwerkes

3.61 Nachfolgende Karten stellen die Grundlage der ingenieurgeologischen Karte dar:
a) Geologische Karte der Oberflächengesteine
b) Geologische Karte der Wurzelgesteine
c) Unter gewissen Umständen empfiehlt sich die Anfertigung von ingenieurgeologischen Hilfskarten: geologische Karte der Verbreitung der Lockergesteine,

geologische Karte der Festgesteine.
Die Grenze zwischen dem Darstellungsbereich dieser Karten muß gleichzeitig eine sprunghafte Grenze bezüglich der ingenieurgeologischen Eigenschaften der Gesteine sein.

d) Tektonische Karte
e) Lithologische Karte als eigentliche Baugrundkarte, falls erforderlich, mit einer Unterteilung des Baugrundes in Schacht- und Lastboden. (Die Unterscheidung in Last- und Schachtboden kommt nur für Detailkarten und für Spezialkarten in Frage.)

Schachtboden = Schichtenfolge von Geländeoberfläche bis zur vorgesehenen Gründungssohle,
Lastboden = Schichtenfolge ab Gründungssohle bis zur unteren Grenze des durch die Baulast hervorgerufenen Druckeinflusses. (Hierbei sind die landesüblichen Standards anzuwenden.)

f) Hydrogeologische Karte
g) Karte der physikalisch-geologischen Prozesse
h) Geomorphologische Karte
i) Dokumentationskarte.

3.62 Die Anforderungen bezüglich der Darstellungen und der Genauigkeit der unter Punkt 3.61 angeführten Karten müssen jeweils den für die einzelnen Karten aufgestellten Richtlinien bzw. Instruktionen entsprechen.

3.63 Die Genauigkeit der Darstellung innerhalb eines Kartenblattes bzw. -systems muß gleich sein. Ungleichheiten sind besonders zu vermerken.

3 64 Den ingenieurgeologischen Karten kleinen Maßstabs (Übersichts- und Situationskarten) müssen Erläuterungen und Auswertungstabellen beigegeben werden, in denen die auf der Karte ausgeschiedenen Teilflächen (ingenieurgeologische Gruppen usw.) ingenieurgeologisch beschrieben werden. In der Tabelle müssen auch Empfehlungen für die Gründung usw. enthalten sein. Den Karten aller Maßstäbe muß das erforderliche Dokumentationsmaterial beigegeben werden.

3.65 Zum besseren Verständnis der ingenieurgeologischen Karten sind diesen geologische Regelprofile mit Mächtigkeitsangaben und ingenieurgeologische Schnitte und — besonders bei den Spezial- und Detailkarten — Spezialaufnahmen, Fotos und anderes Material, das die Anschaulichkeit erhöht, beizugeben.

4. Der Arbeitsgang bei der Aufstellung ingenieurgeologischer Karten

4.1 Die Arbeitsetappen

Der Arbeitsgang bei der ingenieurgeologischen Kartierung umfaßt folgende Etappen:

a) die Vorarbeit,
b) die ingenieurgeologische Geländeaufnahme,
c) die Laboratoriumsuntersuchungen und Geländeversuche,
d) die Auswertung und Ausarbeitung der gewonnenen Ergebnisse.

4.2 Die Vorarbeiten

4.21 Vor Beginn der Geländearbeiten ist es erforderlich, sich mit allen aus dem Aufnahmegebiet vorliegenden früheren Ergebnissen der Geologie, der Hydrogeologie, Geomorphologie und Ingenieurgeologie bekannt zu machen. Es ist deshalb notwendig, folgende Materialien auszuwerten:

a) in der Literatur veröffentlichte Arbeiten,
b) ältere ingenieurgeologische und hydrogeologische Gutachten,
c) wissenschaftliche Berichte und Ergebnisberichte von geologischen Erkundungsarbeiten,
d) geologische, hydrogeologische und lagerstättenkundliche Karten,
e) Schichtenverzeichnisse von Bohrungen,
f) Wasserstands- und Quellenmessungen sowie chemische Wasseruntersuchungen,
g) Ergebnisse von petrographischen, chemischen, physikalischen und anderen Gesteinsuntersuchungen u. a. m.

Außerdem ist es erforderlich, sich mit der aktuellen Bauproblematik des Untersuchungsgebiets und mit den Anforderungen, die die verschiedenen Arten des Bauwesens stellen, vertraut zu machen.

4.22 Spätestens mit Abschluß des Studiums des Unterlagenmaterials sind Geländebegehungen durchzuführen, damit sich der aufnehmende Ingenieurgeologe einen Überblick über Geländegestaltung und Informationen über die geologischen, hydrogeologischen, ingenieurgeologischen und Aufschlußverhältnisse verschaffen kann.

4 23 Auf Grund des Unterlagenstudiums und der Geländebegehungen sind die Arbeiten für die Aufstellung der ingenieurgeologischen Karte zu projektieren. Das Projekt sollte so gehalten sein, daß man aus ihm erkennen kann, welche wissenschaftlichen und technischen Arbeiten für die Aufgabe erforderlich sind. Außerdem sollte aus dem Arbeitsprogramm ersichtlich sein, welche ingenieurgeologischen Tatsachen und Erscheinungen einen besonderen Einfluß auf das Baugeschehen haben können. Es ist deshalb nötig, dieser Ausarbeitung nach Bedarf Abschriften und Abrisse sowie einen Nachweis des durchgearbeiteten und für die Folgearbeit wichtigen Materials beizufügen.

4.24 Im Projekt muß weiterhin angegeben werden, welche Anzahl von Beobachtungspunkten erforderlich ist, die für die Erreichung der geforderten Genauigkeit der anzufertigenden Karte nötig sind.
Als Beobachtungspunkte gelten: Bohrungen, Sondierungen, Schächte, Schürfschächte, Schürfe, natürliche Aufschlüsse und Brunnen.
Die Anzahl der Beobachtungspunkte für die einzelnen Stufen der Kompliziertheit ist entsprechend den Richtlinien für die geologische Kartierung festzulegen. Der Grad der Kompliziertheit der ingenieurgeologischen Verhältnisse ist von allgemeiner informatorischer Bedeutung und wird annähernd bestimmt. Er richtet sich nach dem geologischen Bau, den geomorphologischen und hydrogeologischen Verhältnissen sowie nach den geologisch-physikalischen Erscheinungen.
Das zu kartierende Gelände wird entsprechend seiner Kompliziertheit in Gebiete mit einfachem (1), mäßig verwickeltem (2) und kompliziertem (3) Bau eingeteilt und mit den in Klammern beigefügten Ziffern bezeichnet.

4.241 Die Kompliziertheit des geologischen Baues wird wie folgt festgelegt

a) Einfacher Bau Die Schichten liegen horizontal oder sind nur gering geneigt;
der petrographische Bau ist gleichförmig; die Stratigraphie ist durch gut erforschte und deutlich erkennbare Leithorizonte genau bekannt.
b) Mäßig verwickelter Bau: Die Schichten sind gefaltet und durch Verwerfungen gestört; beides ist aber gut erkennbar,
der petrographische Bau ist durch Faziesdifferenzierungen und das Auftreten von magmatischen Gesteinen wechselhaft;
die Stratigraphie ist wenig erforscht, es gibt allerdings undeutliche Leithorizonte.
c) Komplizierter Bau Die Lagerungsverhältnisse sind durch starke Faltungen und unübersichtliche Störungen sehr kompliziert;
es treten starke Faziesdifferenzierungen auf; die Stratigraphie ist nicht bearbeitet oder sehr problematisch.

4.242 Die Kompliziertheit der geomorphologischen Verhältnisse wird wie folgt gestgelegt

a) Einfache Verhältnisse Die Oberflächenformen lassen sich gut verfolgen.
b) Mäßig verwickelte Verhältnisse: Es treten zahlreiche oder undeutlich ausgebildete Terrassen auf.
c) Komplizierte Verhältnisse: Es kommen glazigene und andere morphologische Formen vor.

4.243 Die Kompliziertheit der hydrogeologischen Verhältnisse wird nach folgenden Gesichtspunkten festgelegt

a) Einfache Verhältnisse: Die Grundwasserleiter treten in weiter Erstreckung, beständiger Mächtigkeit und in petrographisch gleichartigen Schichten auf; die chemische Zusammensetzung der Grundwässer ist gleichartig.
b) Mäßig verwickelte Verhältnisse:
Es treten mehrere Wasserhorizonte verschiedener Mächtigkeit und Erstreckung in faziell stark wechselnden Schichten, in glazialen Ablagerungen, in

Schwemmkegeln und außerdem Spaltenwasser auf; die chemische Zusammensetzung des Grundwassers ist ungleichartig.

c) Komplizierte Verhältnisse:
Es treten mehrere Grundwasserhorizonte, die ineinander übergehen, sowie Karstwässer auf.

4.244 Die Kompliziertheit der ingenieurgeologischen Verhältnisse unter besonderer Berücksichtigung der geologisch-physikalischen Prozesse wird nach folgenden Gesichtspunkten festgelegt:

a) Einfache Verhältnisse:
Es treten keine geologisch-physikalischen Erscheinungen im Gelände auf.

b) Mäßig verwickelte Verhältnisse:
Geologisch-physikalische Erscheinungen, wie Verkarstungen, Rutschungen, Abbrüche usw., kommen in begrenzten Gebieten vor.

c) Komplizierte Verhältnisse:
Geologisch-physikalische Erscheinungen sind stark entwickelt und treten weit verbreitet auf.

4.245 Die Einordnung in die einzelnen Schwierigkeitsgrade ergibt sich aus der summarischen Bewertung der unter den Punkten 4.241—4.244 genannten Faktoren.
Die summarische Bewertung ergibt sich aus dem arithmetischen Mittel von sämtlichen Schwierigkeitsgraden. Ergibt das arithmetische Mittel 1,5 oder 2,5, so ist das Gebiet dem nächsthöheren Schwierigkeitsgrad zuzuordnen.

4.25 Zur weiteren Vorarbeit gehören die Beschaffung der für die Feldarbeiten erforderlichen Geräte, Vorbereitung des Feldbuches und Beschaffung der topographischen Unterlage. Der Maßstab der topographischen Karten für die Aufnahme muß um das Doppelte größer sein als der der endgültigen Karte.

4.3 Die ingenieurgeologische Geländeaufnahme

4.31 Die ingenieurgeologische Aufnahme wird auf der Grundlage der geologischen Aufnahme durchgeführt unter Anwendung von speziellen Methoden zur Untersuchung der ingenieurgeologischen Verhältnisse. Dabei wird in Abhängigkeit von den ingenieurgeologischen Aufgaben bei der ingenieurgeologischen Kartierung folgendes angewendet:
Bohr- und Schürfarbeiten,
Laboratoriumsuntersuchungen,
Feldversuche,
geophysikalische Erkundungsmethoden,
geobotanische Beobachtungen,
Methoden der Luftkartierung,
Untersuchung und Analyse von Schäden an existierenden Bauwerken.

4.32 Während der Geländearbeiten sind die Arbeitskarte, die Dokumentationskarte und das Feldbuch ständig zu führen.

4.331 Bei der Beschreibung von geologisch-physikalischen Vorgängen muß folgendes beachtet werden:

a) Tätige und ruhende Rutschungsgebiete sowie Rutschungstendenzen aufweisende Gebiete (Rutschungen, Abbrüche, Erdfließen, angeschnittene Hänge u. a.),

b) Gebiete, in denen tätige und ruhende Karsterscheinungen und oberflächige Karstformen (Trichter, Dolinen, Lößschluchten u. a.) auftreten,

Anhang A. Schema der Unterteilung der Gesteine für ingenieurgeologische Zwecke

Formation	Geologisch-genetischer Komplex	Petrographischer Typ	Ingenieurgeologische Art	Ingenieurgeologische Abart
Natürlich-historischer Gesteinskomplex, der durch Paragenese verbunden und bestimmten faziellen Zonen zugeordnet ist. Wird ausgeschieden nach: der stofflichen (petrographischen) Zusammensetzung, den Besonderheiten der Kombinationen des Gesteinskomplexes oder dem Charakter der Schichtung	Gesteine, die sich unter gleichen faziellen Verhältnissen gebildet haben	Gesteine, die eine ähnliche mineralogische Zusammensetzung, Struktur und Textur haben	Gesteine eines petrographischen Typs, die sich nach ihren petrographischen Besonderheiten unterscheiden	Gesteine einer ingenieurgeologischen Art, die sich nach ihrem Zustand unterscheiden
Beispiel: Flysch	Beispiel: Flyschrhythmus	Beispiel: Rhythmenelement	Beispiel: Rhytmenelement mit petrographischen Besonderheiten, z. B. mit Pyritkonkretionen	Beispiel: Teile eines Rhythmenelementes, die sich nach ihrem Zustand, z. B. nach ihrer Konsistenz, unterscheiden

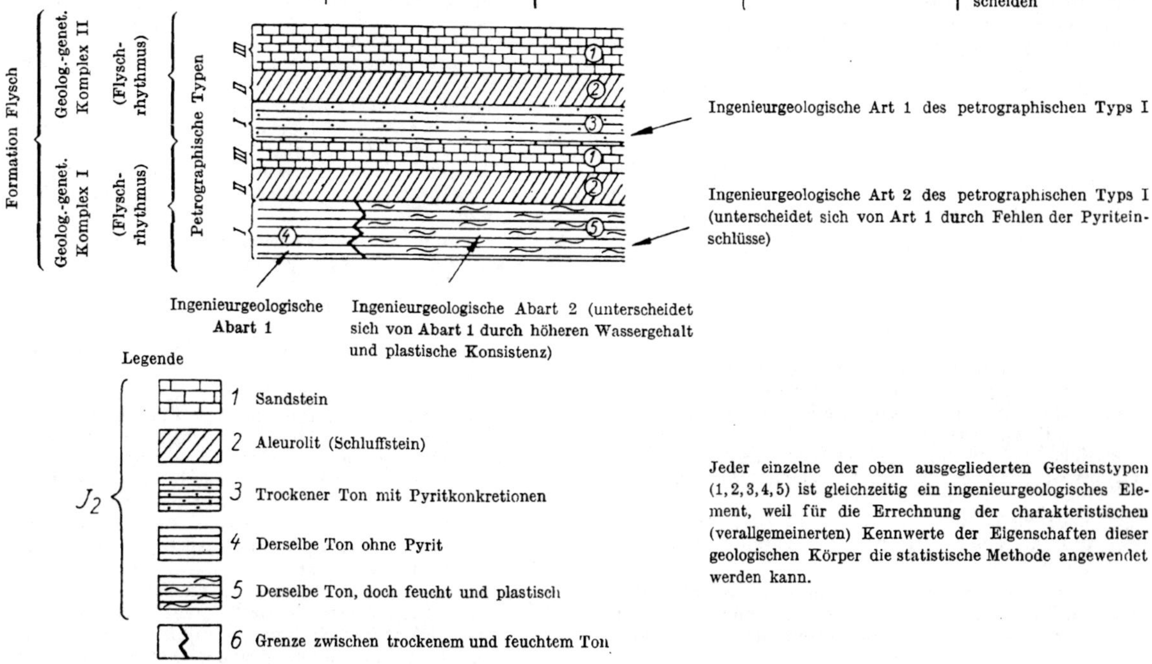

Jeder einzelne der oben ausgegliederten Gesteinstypen (1, 2, 3, 4, 5) ist gleichzeitig ein ingenieurgeologisches Element, weil für die Errechnung der charakteristischen (verallgemeinerten) Kennwerte der Eigenschaften dieser geologischen Körper die statistische Methode angewendet werden kann.

Anhang B. Schema der ingenieurgeologischen Rayonierung eines Territoriums

I. Ausgliederungsfolge der taxonomischen Einheiten

Regionen – werden nach strukturgeologischen Merkmalen ausgegliedert

Gebiete – werden nach geomorphologischen Merkmalen ausgegliedert

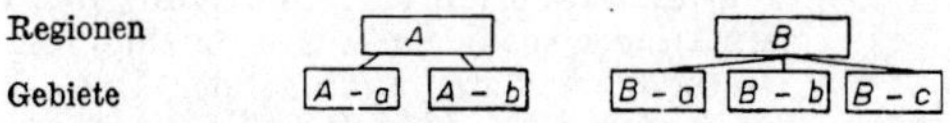

Rayons – werden nach dem gemeinsamen Auftreten (der Kombination) petrographischer Gesteinstypen ausgegliedert

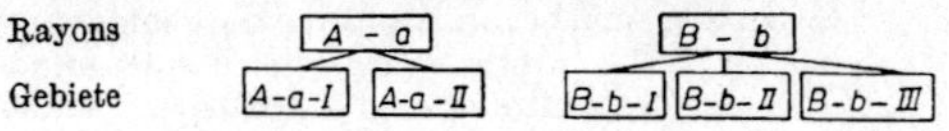

Bereiche – werden nach hydrogeologischen Verhältnissen und dem Überwiegen bestimmter physikalisch-geologischer Erscheinungen ausgegliedert

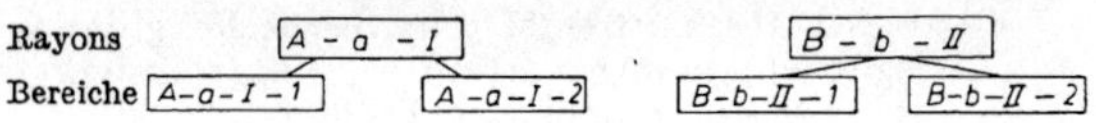

II. Allgemeines Schema

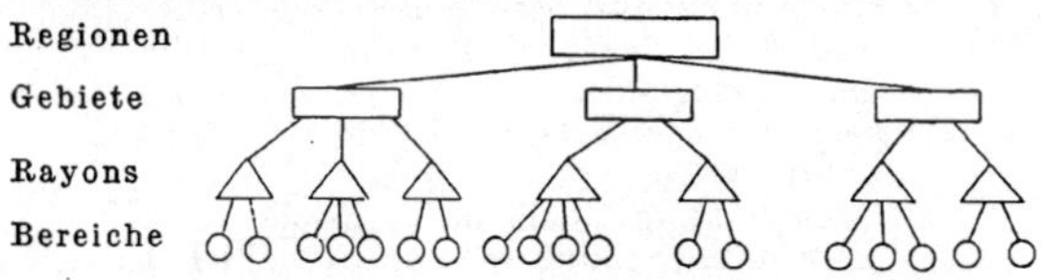

Anmerkung: Wenn es erforderlich ist, können taxonomische Einheiten zweiter usw. Ordnung ausgegliedert werden

Anhang C. Beispiel einer ingenieurgeologischen Rayonierung

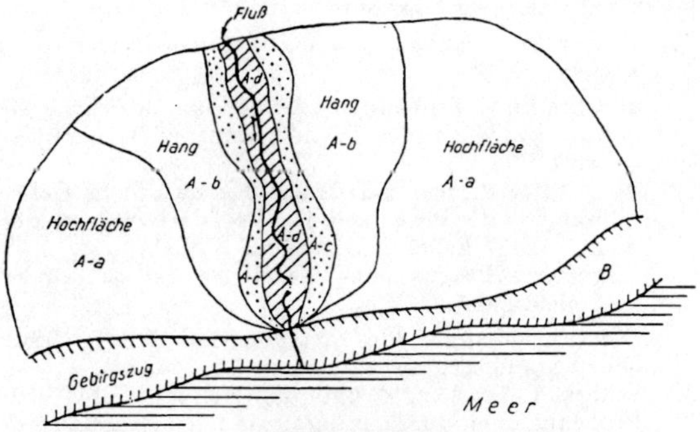

A – Region der Tafel
B – Region des Gebirgszuges
A – a – Gebiet der Hochfläche
A – b – Gebiet der Talhänge
A – c – Gebiet der Abrasionsterrasse
A – d – Gebiet der Akkumulativterrasse
A – d – I – Rayon grobklastischer Flußablagerungen
A – d – II – Rayon feinklastischer Flußablagerungen
A – d – II – 1 – Bereich ohne Rutschungen
A – d – II – 2 – Bereich mit Rutschungen

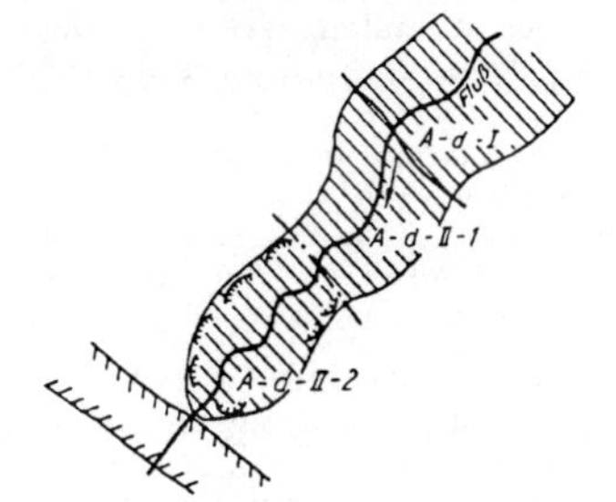

c) Gebiete, in denen subterrane Erosionen (Suffusionserscheinungen) auftreten, möglicherweise unter Angabe ihres Intensitätsgrades,
d) Erscheinungen von Einsturzsenkungen auf Löß,
e) (ständig oder zeitweise) nasse Gebiete oder Überschwemmungszonen durch Hochwässer,
f) hydrographische Erscheinungen (ständige oder zeitweilige Quellen, Aussickerungen u. a.),
g) Erosions- und Anschwemmungserscheinungen bei geschnittenen Hängen, die Bildung von Anschüttungen, Schwemmkegeln, Abrasion der Seenränder u. a.,
h) Veränderungen des Untergrundes durch Verwitterung.

Eine Typisierung oder Klassifikation der physikalisch-geologischen Prozesse wird nach der Genese, dem Alter, dem Entwicklungsstadium, nach der Verbindung mit Elementen des Reliefs, mit Gesteinsschichten und Wasserhorizonten durchgeführt.

4.332 Bei der Beschreibung der künstlichen Geländeveränderungen usw. muß folgendes beachtet werden:
a) Gebiete, in denen Bergbauschäden auftreten können, Bergbauschutzgebiete, die Grenzen der dokumentierten und vermuteten Lagerstätten,
b) Tagebaue, Kippen, Schächte, Gruben,
c) alte (ungenutzte) Wehrbefestigungen, Forts, Gräben u. a.,
d) alte Wälle,
e) Auffüllungen und Aufschüttungen,
f) Rutschungen in Einschnitten von Eisenbahnstrecken und Straßen,
g) Grundwasserschutzgebiete,
h) Risse an Bauwerken, Straßen und Brücken,
i) Kanaldurchlässe u. a.

4.333 Die Darstellung des Baugrundes erfolgt auf der Arbeitskarte bis zu einer Tiefe, die die untere Grenze des durch die Baulast hervorgerufenen Druckeinflusses darstellt, und zwar zutreffend für das schwerste zu errichtende Bauwerk des Kartierungsgebiets. Sollte der tiefere Untergrund von besonderem ingenieurgeologischem Interesse sein (z. B. bei artesischen Horizonten, Auslaugung von leicht löslichen Gesteinen u. a.), erfolgt die Erkundung auch bis in größere Tiefen.

4.34 Alle Beobachtungspunkte sind auf der Dokumentationskarte einzutragen.

4.341 Auf der Dokumentationskarte werden die Aufschlüsse mit einer laufenden Nummer versehen, wobei für jede Aufschlußart eine besondere Numerierung durchgeführt wird.
Müssen auf der Karte viele Aufschlüsse dargestellt werden, so empfiehlt es sich, die Karte in einzelne Abschnitte zu zerlegen und die Numerierung für jeden Abschnitt gesondert durchzuführen.

4.342 Wenn als Beobachtungspunkt ein Aufschluß verwendet wird, der solche Größe hat, daß er in der Karte maßstabgerecht eingetragen werden kann, dann ist er auf der lithologischen Karte darzustellen.

4.35 Das Feldbuch ist gemäß den für die geologische Kartierung herausgegebenen Richtlinien zu führen.

4.36 Von den natürlichen (nur wenn sie für die ingenieurgeologischen Verhältnisse von Bedeutung sind) und allen künstlichen Aufschlüssen sind Skizzen, Profile oder Fotos anzufertigen.

4.361 Die Skizzen und Profile werden in einem Maßstab angefertigt, der die Erkennung der interessierenden Einzelheiten ermöglicht. Am Rande der Skizzen und Profile sind die Mächtigkeiten der einzelnen Schichten anzugeben. Die Länge des Aufschlusses ist durch Zahlen zu bezeichnen.

4.362 Ingenieurgeologisch wichtige Aufschlüsse sind maßstabsgerecht (auf Millimeterpapier) nach den Grundsätzen der geologischen Kartierung aufzunehmen.

4.37 Alle hydrogeologischen Aufschlüsse sind hinsichtlich ihrer ingenieurgeologischen Aussagekraft auszuwerten. Hierbei sind die Unterlagen der hydrologischen und meteorologischen Dienststellen heranzuziehen.

4.38 An künstlichen und ausgewählten natürlichen Aufschlüssen sind Gesteinsproben für Laboratoriumsuntersuchungen zu entnehmen.
Die Örtlichkeit der Probennahmen ist auf Skizzen festzuhalten und zu beschreiben.

4.381 Bei der Probennahme ist darauf zu achten, daß die natürlichen Verhältnisse am Ort der Probennahme nicht durch Einwirkung chemischer Vorgänge oder atmosphärischer Faktoren (Oberflächenwasser, Frosteinwirkung usw.) verändert sind.

4.382 Bei der Probennahme unterscheidet man drei Arten von Proben:

a) ungestörte Proben, bei denen das natürliche Gefüge während der Probennahme nicht verändert wird,
b) gestörte Proben, bei denen das natürliche Gefüge während der Probennahme verändert wird, aber die natürliche Feuchtigkeit erhalten bleibt,
c) gestörte Proben ohne Erhaltung der natürlichen Feuchtigkeit.

Die Probennahme wird entsprechend den landesüblichen Standards vorgenommen.

4.383 Während die Anzahl und die Horizonte, in denen Probennahmen durchzuführen sind, schon im Projekt angegeben werden, wird der Entnahmeort und die Teufe der Entnahme vom aufnehmenden Ingenieurgeologen bestimmt. Die Kennwerte, die bestimmt werden müssen, werden auch vom aufnehmenden Ingenieurgeologen angegeben.

4.4 Die Laboratoriumsuntersuchungen

Der Umfang der Laboratoriumsarbeiten an den im Gelände entnommenen Proben wird bereits im Projekt festgelegt. Durch den aufnehmenden Ingenieurgeologen können zusätzlich Laboratoriumsarbeiten während der Aufnahme gefordert werden, wenn es sich auf Grund der Geländearbeit als zweckmäßig erweist.

4.5 Die Auswertung und Bearbeitung des gewonnenen Materials

Die Auswertung und Ausarbeitung der gewonnenen Ergebnisse erfolgt nach den unter Abschnitt 3 gegebenen Hinweisen.

5. Prinzipien der ingenieurgeologischen Rayonierung

5.1 Die Prinzipien der ingenieurgeologischen Rayonierung müssen aus der geologischen Natur der Fakten entspringen, welche die ingenieurgeologischen Verhältnisse des Gebietes bestimmen. Mitbestimmend ist die Art des Bauwerks. Bei einer ingenieurgeologischen Rayonierung unterscheidet man:
Regionen, Gebiete, Rayons, Bereiche usw. (siehe Anhang B).

5.2 Regionen werden nach strukturgeologischen Kennzeichen ausgegliedert (siehe Anhang C).

5.3 Gebiete werden nach geomorphologischen Kennzeichen ausgeschieden (siehe Anhang C).

5.4 Rayons werden nach der Kombination petrographischer Gesteinstypen ausgegliedert (siehe Anhang C).

5.5 Bereiche werden nach hydrogeologischen Verhältnissen und dem Übergewicht bestimmter geologisch-physikalischer Erscheinungen ausgegliedert (siehe Anhang C).

5.6 Im Falle der Notwendigkeit, die naturbedingt oder von spezifischen Verhältnissen des Bauwesens abhängig sein kann, können die Rayons und Bereiche in Subrayons und Subbereiche unterteilt werden.

6. Erläuterungen zu den ingenieurgeologischen Karten

Es ist eine Erläuterung anzufertigen, in der die ausgeschiedenen ingenieurgeologischen Einheiten beschrieben werden. Die Erläuterung muß folgende Abschnitte enthalten:

a) Einleitung
Sie enthält eine geographische Beschreibung und den Stand der geologischen, hydrogeologischen und ingenieurgeologischen Kenntnisse des Kartenblattes. Weiterhin eine Bewertung der benutzten Unterlagen sowie eine kurze Beschreibung über die Methodik und den Umfang der Untersuchungen. Außerdem ist auf die Bauproblematik einzugehen und anzugeben, zu welchem Zweck die ingenieurgeologische Karte angefertigt wurde.

b) Geomorphologie und Hydrographie
In diesem Abschnitt werden die geomorphologischen Einheiten in chronologischer Reihenfolge beschrieben. Des weiteren sind Angaben über die Geländegestaltung und die Höhenunterschiede erforderlich. Die Besprechung der Hydrographie geschieht unter Berücksichtigung des Flußgefälles.

c) Geologischer Bau
Dieser Abschnitt enthält die Besprechung der geologischen Bildungen nebst einer kurzen Charakteristik der Stratigraphie und Tektonik.

d) Hydrogeologie
In diesem Abschnitt werden die einzelnen Grundwasserhorizonte besprochen. Weiterhin sind erforderlich: Angaben über die Aggressivität, über die Ergiebigkeit und zur Frage, ob das Grundwasser gespannt oder artesisch ist, ferner über die Fließrichtung usw.

e) Geologisch-physikalische Vorgänge
Hier muß Stellung genommen werden zu rutschgefährdeten Gebieten, Karsterscheinungen, Salzauslaugungen, Gebieten mit schnell voranschreitender Erosion usw.

f) Ingenieurgeologische Verhältnisse
Die ingenieurgeologischen Verhältnisse werden entsprechend den auf der Karte ausgeschiedenen ingenieurgeologischen Einheiten (Subrayons, ingenieurgeologische Gruppen) beschrieben. Die Besprechung der Gesteine geschieht nach geologisch-genetischen Gesichtspunkten unter Berücksichtigung der Geländegestaltung, der Wasserverhältnisse und der zulässigen Belastung.

g) Bewertung der Baustoffe
Unter der genauen Angabe des Vorkommens ist jedes als Baustoff geeignete und gewinnbare Gestein zu beschreiben. Es sind Hinweise über die Gewinnbarkeit, die technologischen Eigenschaften und über die Vorräte erforderlich. Soweit vorhanden, sind die Ergebnisse von technologischen Prüfungen mit anzugeben.

h) Zusammenfassung und Schlußfolgerungen
Außer einer kurzen ingenieurgeologischen Zusammenfassung sind Vorschläge für weitere Untersuchungen und Hinweise auf Schwierigkeiten erforderlich.

XI. Kolloquium der Internationalen Arbeitsgemeinschaft für Geomechanik

HEINZ-JOACHIM FRANECK, Freiberg (Sa.)

Am 6. und 7. Oktober fand in Salzburg das XI. Kolloquium der Internationalen Arbeitsgemeinschaft für Geomechanik statt. Es stand unter den Themen „Grundfragen der Felsmechanik" und „Die Sicherheit von Talsperreneinbindungen". Vorbereitet und geleitet wurde diese Tagung, die mit einer kleinen Ausstellung modernster geomechanischer Meßgeräte verbunden war, vom Leiter der Arbeitsgemeinschaft L. MÜLLER (Salzburg).

Folgende Themen wurden behandelt:

R. HAEFELI (Zürich): Eine Parallele zwischen der Eiskalotte Jungfraujoch und den großen Eisschildern der Arktis und Antarktis

In der durchschnittlich 50 m dicken Eiskalotte Jungfraujoch (3470 m) wurden während einer Zeitdauer von 10 Jahren (1950 bis 1960) fortlaufende Messungen von Verschiebungen und Verformungen, sowohl in Stollen als auch an der Oberfläche, durchgeführt. Auf diese Weise erhielt man einen Überblick über den Spannungs- und Verschiebungszustand einer

Eiskalotte und konnte Rückschlüsse auf die Entstehungsursachen der in der Kalotte vorhandenen Hohlräume ziehen. Da die mittlere Temperatur im Bereich dieser Eisstollen zwischen $-1°C$ und $-3°C$ liegt, lieferte die Untersuchung der Stollendeformationen eine Ergänzung zu ähnlichen Messungen in temperierten Gletschern.

In gewisser Hinsicht kann die Eiskalotte Jungfraujoch als verkleinertes Modell eines großen Eisschildes angesehen werden. Durch Vergleich der Ergebnisse der französischen Grönlandexpedition war unter bestimmten Voraussetzungen die Ausarbeitung einer Theorie möglich, die die stationäre Bewegung von Eisschildern beschreibt. Die Parameter dieser Theorie wurden so bestimmt, daß das berechnete Oberflächenprofil in dem zentralen Teil des Grönländischen Eisschildes mit dem von der französischen Expedition gemessenen Profil übereinstimmt. Es ergab sich, daß die Zeit, die ein im Zentrum des Inlandeises angenommenes Eiskristall bis zum Erreichen der Randzone benötigt, außergewöhnlich groß ist.

M. TAKANO (Osaka): Bruchuntersuchungen für die Gründung eines Bogendammes durch Modellversuche

Für den Entwurf des Kurobe-IV-Dammes wurden umfangreiche Modellversuche durchgeführt, um den Einfluß geomechanischer Bedingungen im Baugrund auf die Standsicherheit des Staudammes weitgehender als bisher zu erforschen. Da die modellgerechte Darstellung der Gebirgsstruktur den wirklichen Verhältnissen möglichst nahe kommen sollte, wurden verschiedene Versuchsreihen durchgeführt, in denen durch geschickte Modellanordnung sowohl ein vollkommen homogener als auch ein in verschiedenem Maße zerklüfteter Baugrund dargestellt werden konnte. Für Abmessungen, Spannungen, Elastizitätsmoduln, Bruchfestigkeiten und Raumgewichte wurden die bekannten Ähnlichkeitsgesetze angewendet. Hydraulische Pressen ersetzten den Wasserdruck auf den im Maßstab 1 500 errichteten Damm. Als homogenen Untergrund wählte man eine Mischung aus verdichtetem Sand und Wasserglas, während das zerklüftete Gebirge durch Gipswürfel von 20 mm Kantenlänge gebildet wurde, die durch 2 mm starke Kluftfüllungen aus Ton getrennt waren Der Damm selbst wurde aus Beton hergestellt.

Nachdem zweidimensionale Vorversuche durchgeführt worden waren, folgten die Hauptversuche am dreidimensionalen Modell. Die Überwachung der Formänderungen von Gebirge und Damm wurde mittels Stereophotographie durchgeführt. Der Vortragende zeigte in eindrucksvollen Lichtbildern die verschiedenen Stadien des Bruchvorganges für Damm und Baugrund und erläuterte die wichtigsten Ergebnisse für die einzelnen Versuchsreihen

A. WATZNAUER (Freiberg): Gebirgsmechanische Probleme bei der Bildung magmatogener Ganglagerstätten

Der Vortragende behandelte in seinen Ausführungen zwei Wege, die dem Wissenschaftler bei der Untersuchung gebirgsmechanischer Probleme zur Verfügung stehen. Man kann experimentell oder durch geeignete analytische Ansätze die Erscheinungen ableiten, die sich bei der Einwirkung einer Kräftegruppe auf ein bestimmtes Medium ergeben. Dank der weitgehenden Entwicklung der Gefügeanalyse ist es auch möglich geworden, an Hand der zu beobachtenden Auswirkungen Rückschlüsse auf die Art der verursachenden Kräfte zu ziehen. Die Fehlerquellen, die beiden Methoden naturgemäß eigen sind, wurden vom Referenten eingehend erläutert. An zwei Beispielen aus gut untersuchten Gangerzgebieten konnte gezeigt werden, daß eine Verknüpfung beider Wege am ehesten geeignet ist, das gebirgsmechanische Verhalten realer geologischer Körper abzuleiten.

M F. BOLLO (Paris): Zerdrückte und verwitterte Zonen an steilen Böschungen

In diesem Vortrag wurden zunächst die Wirkungen der Erosion und Schwerkraft an Steilhängen großer Höhe beschrieben. Daran anschließend folgte eine Darstellung der geomechanischen Eigenschaften von verwitterten und zerdrückten Zonen und Gleitformationen. Der Referent ging ausführlich auf seismische und mechanische Untersuchungsmethoden ein und erläuterte die theoretischen und praktischen Belange dieser Verfahren.

W. BUCHHEIM (Freiberg): Über die Berücksichtigung der Zeit in der Theorie des mechanischen Verhaltens von Gesteinsmassen

Ausgehend vom Standpunkt der Physik, wurden zunächst die völlig entgegengesetzten Ausgangspositionen für eine rationelle, quantitativ-mathematische Behandlung der Probleme als eine der charakteristischen Schwierigkeiten der technischen Fels- und Gebirgsmechanik erläutert. Weder die stochastische noch die kontinuumsmechanische Betrachtungsweise entsprechen streng den in Wirklichkeit vorhandenen Verhältnissen. Bei mathematischen Theorien, die zwischen beiden Idealisierungen interpolieren sollen, ergeben sich große Schwierigkeiten. Es wurde daher die kontinuumsmechanische Ausgangsposition näher behandelt. Der Vortragende erwähnte zunächst die verschiedenen physikalischen Effekte, die als bestimmend für das zeitliche Verhalten der Gesteine und Felsmassen angesehen werden, und wies auf den Einfluß der Thermodynamik hin. Dann wurden die bisher unternommenen Versuche, das inelastische Verhalten von Festkörpern phänomenologisch zu erfassen, besprochen. Es wurden Ergebnisse mitgeteilt, die sich auf den „Nakamura-Körper" aufbauen, der sich als Ausgangspunkt für eine allgemeinere nichtlineare Untersuchung eignet. So können zunächst nichtlineare „Stoffgesetze" entwickelt werden, die auch die Gesteinstemperatur erfassen. Durch Einführung nichtlinearer Nachwirkungsterme ergibt sich die Möglichkeit, durch die gleichen mathematischen Beziehungen sowohl den elastischen bzw. kriechelastischen als auch den plastischen Zustandsbereich zu beschreiben und die Fließgrenze, die Scherbruchgrenze und die Grenze des körperlichen Zusammenhanges durch Nachwirkungsfaktoren analytisch auszudrücken.

LINK (Frankfurt): Über die Querdehnungszahl des Gebirges

So gut heute die Größe des Elastizitätsmoduls E eines Gebirges durch zahlreiche Messungen in verschiedenen Ländern beurteilt werden kann, so wenig ist noch über die Größe der Poissonzahl m bekannt. Ausgehend von der Diskussion einer Tabelle mit m-Werten verschiedener Gesteine unter Prufraumbedingungen wurden die Verhältnisse im Gebirge untersucht, das als anisotroper Körper mit Klüften, Spalten, Lockerungsbereichen usw. andere Voraussetzungen aufweist als kluftfreie Kleinproben. Der Vortragende ging auf die Gesteinseigenschaften ein, die die Poissonzahl hauptsächlich beeinflussen. Bei der Schätzung von m im Gebirge muß weiterhin zwischen oberflächennahen Bereichen und solchen unter stärkerem Überlagerungsdruck unterschieden werden. Für letztere sind kleine m-Werte wahrscheinlich, während in Oberflächennähe infolge des vielfach festgestellten hohen Anteils von Klüften und Spalten wesentlich höhere als die bisher angenommenen m-Werte zu Grunde gelegt werden müssen. Sodann wurden einige Ausführungen zur dynamischen Bestimmung von m gemacht und zusammenfassend festgestellt, daß nach Ansicht des Vortragenden der Bereich des m beim Gebirge viel weiter sein muß, als bisher angenommen wurde, und zwar statt von 4 bis 8 wahrscheinlich von 3 bis 20 und noch höher. Auf die Wahl des jeweils zutreffenden Wertes sollte mehr als bisher geachtet werden

M. PANCINI (Longarone) Beobachtungen der Felswiderlager der Sperre Vaiont

In den Felswiderlagern der Sperre Vaiont ist der Einbau eines Systems von Beobachtungs- und Meßeinrichtungen vorgesehen, deren Aufgaben folgendermaßen eingeteilt werden können

1 Aufnahme, Beobachtungen und Messungen durch vielfältige Geräte, um das Gefüge und die physikalischen Eigenschaften der Felsmasse im voraus festzustellen.

2. Beobachtung der Änderung dieser Eigenschaften als Folgen des Arbeitsfortschritts an der Staumauer Diese Untersuchungen werden durch Vibrographen, Klinographen, Seismographen usw. durchgeführt.

3. Beobachtung und Messung der Formänderung und der Beanspruchung der Felswiderlager während der Füllung und Entleerung des Beckens

Der Vortragende teilte mit, daß zu diesem Zwecke folgende Geräte bereits eingebaut wurden bzw. noch eingebaut werden 55 Dehnungsmesser (Extensometer) in 20 bis 40 m tiefen Bohrlöchern oder in Stollen, 27 Querverschiebungsanzeiger (Deformations-Integratoren) mit Fernablesung in

10 bis 20 m tiefen Bohrlöchern oder in Stollen, 12 Spannungsmesser (Stressmeter) mit Fernablesung, 6 piezometrische Zellen und schließlich Meßeinrichtungen mit Pendel, Fluchtfernrohren, Invar-Draht und geodätischem Netz. Da sich die gesamte Meßanlage erst im Aufbau befindet, konnten vollständige Ergebnisse noch nicht mitgeteilt werden.

L. Müller (Salzburg): Das Kräftespiel im Untergrund von Talsperren

Der Vortrag ging von der Tatsache aus, daß die Geomechanik immer mehr gezwungen wird, sich mit einer rechnerischen Behandlung der Beanspruchungen im Gründungsfels und mit einer technologischen Prüfung desselben zu befassen, da immer größere Kräfte in den Untergrund abgeleitet werden und dieser auch nur in den wenigsten Fällen gute mechanische Eigenschaften aufweist. Es wurde gezeigt, daß der Kraftfluß im Untergrund durch das Größenverhältnis und die Lagebeziehungen der Kräfte bestimmt wird. Einwirkungen auf diese Beziehungen haben das Eigengewicht der mittragenden Felsmassen, die Kräfte aus geologischen Beanspruchungen, der vom Kluftwasser verursachte Auftrieb, die hydrostatischen Schübe und die Komponenten der Erdbebenbeschleunigung. Die Auflagerkräfte der Talsperren sind dabei um so ungünstiger, je flacher und je mehr talparallel sie gerichtet sind. Weiterhin wurden die Festigkeitseigenschaften des Gebirges behandelt und darauf hingewiesen, daß diese vom Spannungszustand und der Richtung der eingeleiteten Kräfte abhängen. Schließlich ging der Vortragende auf den sehr bedeutenden Einfluß des Bergwassers ein, das in seinen verschiedenen Erscheinungsformen festigkeitsmindernd wirkt. Auch Injektionen können die Gefahr des hydraulischen Grundbruches erhöhen. Einige Erläuterungen zur Sicherheit in Felswiderlagern beendeten die Ausführungen.

G. Seeber (Innsbruck): Auswertung von statischen Felsdehnungsmessungen

Der Vortragende wies darauf hin, daß von allen Methoden, die zur Bestimmung der mechanischen Kennziffern des Gebirges entwickelt worden sind, die Versuche mit Druckkammern und Radialpressen die besten Ergebnisse gezeigt haben. Um speziell den E-Modul des Gebirges versuchstechnisch möglichst einwandfrei zu ermitteln, wurden Angaben über die vorauszusetzende Größe der zu untersuchenden Gebirgskörper, die Form der Versuchseinrichtung und die Anordnung der Prüfstellen gemacht. Eine Übertragung von Versuchsergebnissen des unter Innendruck stehenden Hohlraums auf die wirklichen Verhältnisse des Gebirges ist hinsichtlich der geometrischen Abmessungen möglich. Dagegen kann man von den Auswirkungen eines am Versuchskörper herrschenden kleineren Druckes nicht auf die Spannungen und Verschiebungen am Bauwerk unter dem dort herrschenden Druck schließen. Es ist daher in der Versuchseinrichtung auf jeden Fall der Druck zu erzeugen, der später am Bauwerk erwartet wird. Zur Abschätzung der Sicherheit sollte er auch etwa doppelt so groß gewählt werden.

A. Graupner (Hannover): Geotechnisches Kartieren von Festgesteinen

Es wurde zunächst eine Zusammenstellung und Erklärung von Kartierungssignaturen gegeben, die sich für geotechnische Erkundungen besonders eignen. Solche Signaturen müssen die mechanische Beschaffenheit der Festgesteine und ihre strukturellen Kennzeichen wiedergeben können. Der Vortragende schlug dreiteilige Symbole vor, die aus Buchstaben und Zahlen bestehen und den speziellen Zustand des Gebirges charakterisieren sollen. So bestimmen zunächst sieben verschiedene Buchstaben den mechanischen Zustand der Gesteine, wobei festes Material durch große und weniger festes durch kleine Buchstaben gekennzeichnet wird. Der strukturelle Aufbau der Festgesteine wird durch die „Strukturzahlen" 1—9 zum Ausdruck gebracht, von denen jede genau definiert ist. Kleine Buchstaben hinter den Strukturzahlen geben schließlich Aufschluß über die Lage der Schichtungsebenen oder horizontalen Klüfte im Festgestein. Mit Hilfe der dreiteiligen Symbole können auf diese Weise die hauptsächlichen geotechnischen Eigenschaften der Gebirge beschrieben werden. Zur Kartierung selbst sind neben direkten Messungen und Schürfen vornehmlich geophysikalische Methoden geeignet.

In einem Sonderkolloquium von K.-H. Heitfeld (Olpe) über das Thema „Klarstellungen zur Terminologie in Geologie, Gefügekunde und Mechanik" wurde erfreulicherweise eine Zusammenstellung 200 häufig gebrauchter geologischer, geomechanischer und mechanischer Fachausdrücke in deutscher, englischer und französischer Sprache an die Tagungsteilnehmer verteilt und zur Diskussion gestellt.

Lesesteine

Neue Eisenerzlagerstätten — Zeitungsmeldungen — Börsenmanöver

Mitte Oktober ging durch zahlreiche westdeutsche und Westberliner Zeitungen die Meldung, daß auf Grund von Verlautbarungen des niedersächsischen Wirtschaftsministers in Niedersachsen (in 200 km Umkreis um Hannover) durch „Zufall" bei Erdölbohrungen „riesige Erzlager" entdeckt wurden. Dabei sollten die Erzlager bis zu 6 m unter die Erdoberfläche heraufreichen und Mächtigkeiten von 50 bis 120 m haben. Das Gesamtvorkommen wurde fast übereinstimmend als noch größer als die etwa 3 Mrd. Tonnen Erz umfassenden Lagerstätten von Salzgitter, Gifhorn und Nienburg hingestellt.

Genaue geographische Angaben seitens des niedersächsischen Wirtschaftsministers wurden nicht gemacht, um Bodenspekulationen zu verhüten!

Anfang November teilte dann der niedersächsische Wirtschaftsminister zu den „riesigen Erzvorräten" mit, die im übrigen bei Achim südöstlich von Bremen liegen, daß dieselben nach vorläufigen Schätzungen etwa 400 Mill. t Eisenerz enthalten und daß die Mächtigkeiten 15 m und mehr betragen. Gleichzeitig wies er darauf hin, daß ein Teil des Vorkommens unter Verkehrswegen und unter der Weser liegt und deshalb wahrscheinlich nicht genutzt werden kann.

Möglicherweise sind in kurzem die Bodenspekulationen und Börsenmanöver endgültig abgeschlossen und die „riesigen Vorräte" verringern sich nochmals beträchtlich. Bc.

Das Fanal von Neuengamme

Am Abend des 3. November 1910 stieß eine Wasserbohrung der Hamburger Wasserwerke völlig unerwartet in 248 m Teufe unterhalb oligozäner Tone bei Neuengamme auf ein Erdgasvorkommen. Mit Schlamm, Sand und Wasser gemischt, erfolgte eine starke Eruption. Am 4. November entzündete sich das Methangas an den Funken einer in der Nähe stehenden Lokomobile. Der Bohrturm verbrannte, die Lokomobile geriet ins Glühen. Drei Stichflammen, jede etwa 18 m lang, schossen aus der Erde, die eine steil nach oben, die beiden anderen waagerecht. Am 21. November gelang es der Hamburger Feuerwehr, den Brand zu löschen.

Nachdem das Bohrloch unter Kontrolle gebracht war, baute man eine Leitung nach Tiefstack und setzte dann bis 1930 das Methan dem Hamburger Stadtgas zu. Die 250 Mill. m^3 Methan, dessen Heizwert das Gaswerk auf 4200 WE reduzierte, brachten dem Hamburger Staat einen Reingewinn von 20 Mill. Goldmark.

Man sieht, die Finanzleute verstanden recht gut das Zeichen, das ihnen aus der Flamme von Neuengamme entgegenleuchtete. Nicht so die Geologen! Unter der verhängnisvollen „Führung" von A. Bentz, dem späteren Vertrauten des „Reichsmarschalls" Hermann Göring, von dem er zum Generalbevollmächtigten für alle Erdölfragen in den vom Nationalsozialismus unterjochten Ländern, also in den westlichen Teilen der Sowjetunion, in Rumänien, Polen, Österreich, Ungarn, Italien, Jugoslawien, Frankreich und Holland, eingesetzt wurde mit dem ausdrücklichen Befehl, jede sich gegen den Faschismus zeigende Regung „mit allen zur Verfügung stehenden Mitteln rücksichtslos auszurotten", wurde eine systematische Erdgassuche in Deutschland unterdrückt. Dies geschah im Interesse amerikanischer Finanziers, die den Gewinn, den die Flamme von Neuengamme ankündete, richtig einzuschätzen wußten. Ihrem Wunsche gemäß wurde der deutschen Bevölkerung das hochwertige Methangas, über 9000 WE pro m^3, vorenthalten, um der Entwicklung der Gasraumheizung in den USA einen großen Vorsprung zu garantieren.

Was sagt die Flamme von Neuengamme heute den Geologen? Beachtet und studiert exakt jeden Hinweis auf Bodenschätze, den euch die Mutter Natur in so reichlichem Maße bietet! Achtet darauf, daß die Bodenschätze zum Wohle des Volkes und dadurch auch zu eurem eigenen Wohl erkundet, gefördert und verwertet werden! Laßt euch nicht von kapitalistischen Finanzleuten und ihren willfährigen faschistischen Handlangern um das Höchste bringen, das ihr durch eure wissenschaftliche Tätigkeit erringen könnt, um die Arbeit für die Gesellschaft, die gleichbedeutend ist mit der Erhöhung eures eigenen Wohlstands! Dann habt ihr das Fanal, das vor 50 Jahren die aus deutschem Boden aufschießende Flamme von Neuengamme ankündete, richtig verstanden und seid des Dankes der deutschen Bevölkerung gewiß! e

Ultramontanes Heilwasser

Aus Wien wird der „Hannoverschen Rundschau" vom 23. November 1960 gemeldet

„Unablässig zieht seit etwa fünf Monaten eine Prozession Verzweifelter und Verlorener aus allen europäischen Ländern, besonders aus Westdeutschland und Holland, nach dem Marktflecken Wies in der Steiermark. Sie alle wollen von dem ‚Zauberwasser' einer neuentdeckten Quelle trinken. Es schmeckt wie gewöhnliches Wasser, aber die Menschen glauben, daß es viele Gebrechen lindert oder gar heilt.

Von der Dummheit der Menschen leben seit jeher Schöpfer von Wunderkuren; denn auch unheilbar Kranke, die von den Ärzten aufgegeben sind, glauben bis zu ihrem Tode an das Wunder der Heilung. So werden es gewissenlose Scharlatane immer leicht haben, ihre Waren abzusetzen. In Wien preist man ‚das heilende Wasser' nicht mit schönen Worten an. Gerüchte erreichten, daß man es dem Besitzer geradezu aus den Händen reißt. So schwören heute Tausende auf das ‚Zauberwasser von Wies'. Es wird in einer primitiv gezimmerten Hütte abgegeben, und man muß sich drängen, um ein Glas Wasser zu bekommen oder sich eine Flasche vollfüllen zu lassen. Der einzige, dem die Kur bisher nachweisbar bekommen ist, dürfte der Besitzer sein. Er plant bereits die Errichtung eines Kurhauses. Doch bis das Haus steht, begnügt man sich mit der Abfüllstation, die bereits schon in alle Welt liefert. Der Pilgerstrom heilungsbedürftiger Kranker reißt nicht ab, denn leider werden die Dummen nicht alle."

So treibt die Mystik des finstersten Mittelalters noch im Jahr 1960 ihre giftigen Blüten. Sie durch fortschrittliche wissenschaftliche Aufklärung zum endgültigen Verdorren zu bringen, wird die Aufgabe der Hydrogeologen sein; denn journalistische Glossen genügen offenbar nicht, den Spuk immer wieder neu auflebenden Wunderglaubens, der eine der wichtigsten ideologischen Stützen der ultramontanen Reaktion ist, auszurotten. e

Abwasserproblem

Die „Bergbau-Rundschau" (Nr. 8, 1960, S. 468–469) wendet sich gegen die Verseuchung der Flußwässer durch Detergentien, die in steigendem Maße von der Industrie und den Haushalten verwendet werden, um die Wascheigenschaften harten Wassers zu verbessern.

Die Zeitschrift berichtet:

„Vor den Wehren unserer Kanäle sammeln sich die Schaumstoffe der modernen Waschmittel in riesigen weißen Wolken an und üben Wirkungen aus, die vor wenigen Jahren noch nicht vorausgesehen wurden.

Es sind Fälle bekanntgeworden, nach denen Kohlenschiffe in den mächtigen Schaumwolken verschwanden. Am Neckar mußten sich die Schiffsführer auf die Zehen stellen, um noch Sicht zu haben und steuern zu können. Fast ähnliche Verhältnisse haben sich schon an den westdeutschen Kanälen entwickelt. An der Fuldaschleuse Bonafort bei Kassel haben die Schaumberge zeitweise Schleusengebäude bis zur Dachrinne eingehüllt. Die Schiffer waren nicht mehr in der Lage, bei einzelnen Schleusen die Mauer zu sehen, und mußten Notmanöver einleiten. Es sind sogar Fälle fotografisch festgehalten, in denen die Schaumberge zu naheliegenden Bundesstraßen hinaufkrochen und den Kraftverkehr gefährdeten."

Es wird folgende Forderung erhoben:

„Es müssen Detergentien entwickelt werden, die in den Gewässern auf natürlichem Wege abgebaut werden und die Bevölkerung nicht mehr gefährden. Es kann der Bevölkerung nicht zugemutet werden, Bestandteile ihres eigenen Waschwassers zu trinken."

Diese Darstellungen der „Bergbau-Rundschau" sind eine Mahnung an die Hydrologen, sich mit größter Aufmerksamkeit der Reinhaltung der bedrohten Wasservorräte zu widmen. e

Besprechungen und Referate

Grocholska, J. & A. Grocholski

Die Tektonik im nordöstlichen Teil des Neißegrabens

„Przegląd Geologiczny", Jg. 6 (1958), H. 8/9, S. 351–353

Als Ergebnis tertiärer Bruchtektonik tritt innerhalb der Sudeten der Neißegraben auf. Die Grabenfüllung wird von Gesteinen des Rotliegenden und der Oberen Kreide gebildet. Den Rahmen nehmen im Untersuchungsgebiet Gesteine der metamorphen Zone von Lądeck und Snježnik (Landeck, Schneeberg) und die Intrusiva von Kłodzko-Złotostok (Glatz-Reichenstein) ein.

Die ältesten Metamorphite (Glimmerschiefer und dolomitische Kalke) gehören noch dem Algonkium an. Die Intrusiva werden der asturischen Phase zugeordnet. Das Rotliegende, das die Unterlage der Kreide bildet, besteht aus Konglomeraten, Sand- und Tonsteinen sowie Melaphyren. Die Kreide läßt sich wie folgt gliedern:

Stratigraphische Stellung	Lithologische Ausbildung	Fossilien	Mächtigkeit
Coniac	mergelige Tone mit grauen Sandsteinen graugrüne mergelige Tone mit Sphaerosideritkonkretionen blaugraue Mergel	Inoceramen	ca. 200 m
? Oberes Turon	tonige Mergel		
Mittleres Turon	Mergel und Sandsteine (ca. 100 m)	*Inoceramus lamarcki*	ca. 180 m
Unteres Turon	Mergel mergeliger Sandstein	*In. labiatus* *Actinocamax plenus*	
Cenoman	Sandstein graue fs. Liegendschichten		ca. 10 m

Die Tektonik der prävaristischen Gesteine des nordöstlichen Rahmens ist durch NW–SE-Flexuren bestimmt (Fallen 40–70° NE). Die Kreidesedimente des Grabens liegen überwiegend söhlig oder fallen flach nach E ein. Am Grabenrand ist ihre Lagerung steil oder überkippt. Die Randstörung verläuft zwar generell NW–SE, ist aber im einzelnen aus verschiedenartigen tektonischen Elementen aufgebaut. Es folgen von NW nach SE aufeinander:

1. die Überschiebung von Czerwoniak (Rotheberg);
2. die Überschiebung von Krosnowice (Rengersdorf);
3. die nach SE in einen Sprung übergehende Flexur der Debova Gora (Eichberg).

An der Rothebergüberschiebung sind Granitoide gegen SW auf überkipptes Rotliegendes aufgeschoben.

Die Überschiebung von Rengersdorf streicht N–S und ist gegen W gerichtet. Sie ist von einer schmalen Oberkreideantiklinale mit Rotliegendkern begleitet.

Die Eichbergflexur streicht wiederum NW–SE. Der liegende Flügel wird zunächst von mittelsteil SW fallenden Kreideschichten gebildet. Weiter südöstlich stoßen zerrüttete Glimmerschiefer unter Ausfall der Liegendschichten direkt an seiger stehendes Coniac.

Verallgemeinernd kommen die Verf. zu dem Schluß, daß der Charakter der Störung nicht nur durch das unterschiedliche Schnittniveau bedingt ist, sondern auch durch die Beschaffenheit des kristallinen Untergrundes der Kreide. Dieser dürfte frühzeitig in Blöcke zerteilt gewesen sein, die von schmalen Mobilzonen (Graphitschiefer etc.) umgeben sein könnten. Diese Mobilzonen ermöglichten die mit den tertiären Vertikalbewegungen verbundenen tangentialen Einengungen.

E. Schlegel

Berg, L. S.

Die geographischen Zonen der Sowjetunion

Bd. I: 438 S., 58 Textkarten, 105 Fotos, 2 mehrfarbige Karten. — DM 29,40
Bd. II: 604 S., 65 Textkarten, 136 Fotos, zahlreiche Klimadiagramme und Abflußkurven, 3 mehrfarbige Karten. — DM 45,—
B. G. Teubner, Verlagsgesellschaft, Leipzig 1958 und 1959

Das zweibändige Werk ist eine großangelegte, mit aufschlußreichen Fakten versehene Darstellung der Natur aller Landschaftszonen der Sowjetunion.

Im ersten Band beschreibt und erläutert Verf. die physischen Komplexe der Tundra-, Wald- und Waldsteppenzone, im zweiten die der Steppen-, Halbwüsten- und Wüstenzone, der subtropischen Gebiete, der Gebirge und der Inseln. Teilweise werden diese Zonen noch in Subzonen gegliedert, z. B. die Waldzone in Taiga- und Mischwaldzone. Fast 2000 Literaturhinweise, übersichtlich zusammengefaßt, ergänzen die Angaben.

Angeregt von den zonalen Vorstellungen des russischen Bodenkundlers Dokutschajew und den Forschungen von Morosow, Tanfiljew, Glinka, Passarge u. a., charakterisiert Verf. aus geographischer Sicht die Landschaftszonen als Komplex von Einzelfaktoren, hebt die jeweiligen wesentlichen Merkmale heraus, geht aber auch den Ursachen der azonalen Erscheinungen und den durch Höhenunterschiede bedingten Abwandlungen nach, immer bestrebt, die wichtigsten physisch-geographischen Gesetzmäßigkeiten aufzudecken und darzustellen.

Die Faktoren, die die geographischen Zonen aufbauen und aus deren gegenseitiger Beeinflussung sich vor allem ihre Grenzen ergeben, sind Klima, Gestein, Relief, Bodenarten, Bodentypen, Wasser, Vegetation, Tierwelt und menschliche Einwirkungen, wobei die Vegetation teils als logische Folge der gegenseitigen Abhängigkeit der übrigen Faktoren, aber auch als aktiver Faktor besonders ausführlich behandelt wird.

Nur bei Einzelfragen mehr theoretischer oder auch nur hypothetischer Art (z. B. fluviatile Entstehung von Löß) werden manchmal die Thesen bzw. Antithesen weniger begründet, und die Darstellung verliert dann etwas an Intensität, was der Verf. wohl mit seinem Standpunkt legitimiert, daß der Geograph „die Gesetzmäßigkeiten in den Gruppierungen" zu erfassen, aber „nicht alle vielgestaltigen Erscheinungen" zu erforschen hat, „sondern nur solche, in denen die einzelnen Elemente durch bestimmte Beziehungen miteinander verbunden sind". Seiner Meinung nach interessieren den Geographen nur „die Anordnung der Gegenstände im Raum und die dabei entstehenden natürlichen Gruppierungen". — Das trübt jedoch nicht die plastischen Vorstellungen, die der Autor über die Natur der Sowjetunion zu vermitteln vermag und die sein Werk zum gesicherten Besitz des Lesers werden lassen.

Die jetzt vorliegende Übersetzung in deutscher Sprache und die gekürzten Fassungen in englischer (USA) und französischer Sprache deuten den Wert an, der diesem Standardwerk in der geographischen Literatur wohl allgemein zuerkannt wird.

Weisbrod

Fritsch, V.

Elektrische Messungen an räumlich ausgedehnten Leitern

Verlag G. Braun, Karlsruhe 1960. — 372 S., 236 Abb., 31 Taf.; 45,— DM

Das Buch erscheint im Rahmen der von Prof. Dr. Ing. Franz Moeller (Technische Hochschule Braunschweig) herausgegebenen Reihe „Bücher der Meßtechnik" und hat den Charakter eines Handbuches. Es ist für Stark- und Schwachstromtechniker, für Physiker, Blitzschutztechniker und Geophysiker ein wertvolles Nachschlagewerk über die geoelektrische Meßtechnik. Die sehr umfangreiche Literatur über dieses Fachgebiet ist seinem komplexen Charakter entsprechend über viele Zeitschriften der verschiedensten Fachgebiete verstreut. In dem vorliegenden Buch wird nun dieser Zweig der Meßtechnik übersichtlich und zusammenfassend dargestellt, wobei besonders Wert auf jene Verfahren gelegt wurde, die sich in der Praxis bereits bewährt haben.

Das sehr umfangreiche Literaturverzeichnis (etwa 1000 Titel) berücksichtigt neben der deutschen vor allem die ausländische, insbesondere die amerikanische und sowjetische Literatur.

Bei der Darstellung des sehr umfangreichen Stoffes bedient sich der Verfasser einer strengen Gliederung. In insgesamt 10 Kapiteln werden alle Meßverfahren der Geoelektrik einschließlich der Meßgeräte und der Auswertung der Meßwerte dargestellt. Etwas zu kurz werden dabei die angewandte Tellurik und die induzierte Polarisation geschildert, obwohl gerade diese beiden Methoden in den letzten Jahren an Bedeutung gewonnen haben.

Allerdings will das Buch kein Leitfaden der angewandten Geoelektrik sein. Die Meßergebnisse werden daher nicht geologisch, hydrographisch oder bodenmechanisch gedeutet. Der Schwerpunkt der Darstellung liegt auf der Meßmethodik und Meßtechnik. Für den gedachten Leserkreis ist diese Einengung des Stoffes auch durchaus angebracht. Das beigefügte Sachverzeichnis ist für den Charakter des Buches etwas kurz ausgefallen. Für das schnelle Auffinden eines Begriffes oder Meßverfahrens wäre bei einer Neuauflage ein ausführlicheres Sachregister wünschenswert.

Zusammenfassend kann festgestellt werden, daß das Buch eine ausgezeichnete Zusammenstellung aller modernen geoelektrischen Meßverfahren enthält und für den mit der Durchführung geoelektrischer Messungen beschäftigten Meßingenieur und Geophysiker ein wertvolles Nachschlagewerk darstellt.

Zeuch

Mirchink, M. F., A. A. Trofimuk & K. R. Chepikow

Specific Features of Geological Structure of Platform Regions in the Soviet Union in Relation to their Oil and Gas Saturation

V. Welterdölkongreß, New York 1959, Paper 28

Die Tafeln (Plattformen) sind die charakteristischsten Strukturen des Krustenbaus der UdSSR. Gneisartige und andere metamorphe Gesteine früh- bis spätarchaischen Alters, zum Teil mit magmatischen Intrusionen, bilden das Grundgebirge der ältesten Plattformen, der Russischen Tafel und der Ostsibirischen Tafel. Zuweilen treten als Unterlage auch schwach metamorphe, frühproterozoische Schichten auf, die nicht geosynklinal gefaltet sind; zu dieser Zeit haben die Tafeln also schon bestanden. Die Vorkaukasische, die Kara-Kum- und die Westsibirische Plattform stammen aus dem Paläozoikum. Bemerkenswert ist, daß diese Tafeln keinen stabilen Charakter haben. Alle zeigen Stockwerkgliederung und zahlreiche undulatorische Bewegungen. Umwandlungen von Geosynklinalgebieten in Tafeln sind bis in spätpaläozoische Zeiten zu verfolgen. Die Plattformen werden in Strukturen 2. und 3. Ordnung gegliedert, in Schilde, Wälle, Depressionen und kleinere Strukturen. Die vertikale Gliederung zeigt eine starke Diskordanz zwischen Devon und Karbon, zum Teil auch im Perm. In den jüngeren Tafeln treten meist drei Stockwerke im Sedimentgebirge auf: prämesozoisches, mesozoisch-paläozänes und eozän-pliozänes Stockwerk. Die Erdöllagerstätten liegen bevorzugt an den Rändern der Tafeln in Strukturen 2. und 3. Ordnung, z. B. an der Russischen Tafel: Wolga-Ural-gebiet, Tyman-Petschora-Gebiet, Perikaspisches und Dnepr-Don-Gebiet. Das Wolga-Ural-Revier liegt am Tatarischen Wall, am Baschkirischen Wall, am Mittelwolga-Wall und einigen kleinen Strukturen. Das Tyman-Petschora-Ölgebiet liegt am Tyman-Wall, das Gasfeld von Stawropol zwischen dem Wall von Stawropol und den beiderseitigen Depressionen. Ähnliches gilt für die Erdölanzeichen in anderen Gebieten.

Meinhold

Krejci-Graf, K.

Moderne Anschauungen über die Entstehung des Erdöls

„Erdöl und Kohle, Erdgas, Petrochemie", Jg. 13 (1960) S. 836—844

In diesem Beitrag ist der von Krejci-Graf auf der Jahrestagung der Deutschen Gesellschaft für Mineralölwissenschaft und Kohlechemie am 17. 10. 1960 in Frankfurt a. M. gehaltene Vortrag wiedergegeben. Zwar behauptet der Autor, im wesentlichen mit den von Wassojewitsch[1]) geäußerten Ansichten übereinzustimmen, de facto sind die Kernpunkte seiner Anschauungen genau das Gegenteil derjenigen von Wassojewitsch. Dem Autor kann man zustimmen, wenn er behauptet, daß „die Umbildung der Bitumina zum Erdöl in den Sedimenten im wesentlichen geochemischer ... Natur" ist. Es ist dabei, wie er richtig bemerkt, „unumgänglich notwendig, das Erdöl nicht für sich allein, sondern im Zusammenhang mit den Festbitumina und den Erdgasen zu betrachten". Die Schlußfolgerung, daß sich aus allen, organische Reste enthaltenden Sedimenten Erdöl bilden kann, wenn

[1]) Wassojewitsch, N. B.: Probleme der Erdölgenese. — Z. angew. Geol., 4, S. 512—515 (1958).
— Mikronaphtha. — Z. angew. Geol., 6, S. 486—489 (1960).

diese durch Absenkung in ein geochemisches Milieu gelangt sind, in dem Druck und Temperatur die Bildung gasförmiger und flüssiger Kohlenwasserstoffe auslösen, wird von KREJCI-GRAF nicht gezogen, obwohl er feststellt „Wir müssen also eine Ölbildung in tieferen Teilen der Ablagerung annehmen, sofern ein Gestein überhaupt Öl liefert, und müssen daher annehmen, daß ein anderes Ausgangsmaterial als die in den Pflanzen und Tieren vorgebildeten Kohlenwasserstoffe notwendig ist." Auf Grund der in Rohölen auftretenden biophilen Spurenelemente kommt dann KREJCI-GRAF zu dem Schluß, daß das Erdöl von einer Sapropelfazies herrührt, seine Akkumulationen also nur dort auftreten können, wo Sapropelgesteine vorhanden sind „Wir sehen also im Erdöl die Bildung eines geochemisch charakterisierbaren Milieus, der Sapropel-Fazies." Das führt dann zur eindeutigen Ablehnung der Vorstellungen WASSOJEWITSCHS „Die Unregelmäßigkeiten (regionale Unstetigkeit) der Erdölverteilung ist nicht vereinbar mit der Annahme einer Konzentration der fast allgegenwärtigen spurenhaften Kohlenwasserstoffe in Sedimenten. Die Allgegenwart der ‚ursprünglichen Mikronaphtha' ist offenbar für die Erdölbildung ohne Bedeutung." Für die Praxis zieht daher KREJCI-GRAF folgende Schlußfolgerung „Die Erdölführung ist auf Zonen und Flecken begrenzt. Selbst innerhalb dieser Zonen oder Flecken sind weder alle Schichten noch alle Strukturen überall erdölführend, und außerhalb der erwähnten Gebiete erweisen sich dieselben Ablagerungen als ölfrei; man vergleiche z. B. die nordwestdeutschen Erdölgebiete mit den angrenzenden Gebieten." So führen die „modernen" Anschauungen von KREJCI-GRAF dazu, daß die Sapropelfazies die „Erdölführung" auf Flecken in Nordwestdeutschland beschränkt und in den angrenzenden Gebieten — also doch wohl in Belgien, Holland, Dänemark und der Deutschen Demokratischen Republik — Akkumulationen von Erdöl und Erdgas ausschließt! Damit kommt KREJCI-GRAF für unsere Praxis zu einem Hinweis, der nicht der geologischen Erkundung, sondern den Interessen in Westdeutschland tätiger Ölkonzerne dient und entspricht. LANGE

DEGENS, E. T. & M. BAJOR

Die Verteilung von Aminosäuren in bituminösen Sedimenten und ihre Bedeutung für die Kohlen- und Erdölgeologie

„Glückauf", Jg. 96 (1960), S. 1525—1534

Die Autoren stellten fest, daß die in Sedimenten feinverteilt vorliegenden Substanzen bisher zu wenig beachtet wurden. Bei der Bildung von Erdöl aus diesen diffus verteilten organischen Stoffen fanden „einschneidende Umsetzungen und Fraktionierungen" statt. Schon im Anfangsstadium der Diagenese und des Eiweißzerfalls treten gerichtete Aminosäurenfraktionierungen auf. Für die Erhaltung der Aminosäuren ist das diagenetische Milieu (p_H-Wert, Redoxpotential, Temperatur, Druck, allgemeiner Chemismus der zirkulierenden Lösungen, mikrobiologische Tätigkeit, Radioaktivität usw.) ausschlaggebend. Zellulose und Lignin, die Grundstoffe der Kohlenbildung, scheiden vollständig als Erdöllieferanten aus, während Fette und Eiweiße als Ausgangsstoff für das Erdöl in die engere Wahl kommen. Bei Verlust von Kohlendioxyd wandeln sich die Aminosäuren in Amine um, die wiederum durch Abgabe der Aminogruppe in Kohlenwasserstoffe übergeführt werden.

Die Autoren nehmen daher an, „daß gerade Eiweiße einen nicht unerheblichen Anteil an der Erdölbildung haben. Für die praktische Geologie ergibt sich damit die Möglichkeit, die Aminosäuren und ihre Beziehungen zum Gesamtfettgehalt für die Erdölprospektion auszuwerten." Weiter ist nach ihnen „das Erdöl in gewissem Umfang als ein leicht metamorphes Stoffwechselprodukt" von Mikroorganismen aufzufassen. Ferner lassen sich „aus dem Aminosäuregehalt Hinweise auf das Erdölmuttergestein geben, womit derartige Untersuchungen als Prospektionsgrundlage dienen können"!! Die Autoren meinen, auf dem von ihnen vorgeschlagenen Weg das Muttergestein des Erdöls finden zu können. E.

Prospection and Production of Petroleum

Kongreßberichte Bd. II League of Arab States, First Arab Petroleum Congress, Cairo, April 1959

Die Berichte des 1. Arabischen Erdölkongresses sind in drei Bänden zusammengefaßt, von denen Bd. I Ökonomie und Gesetzgebung, Bd. III Raffinierung, Petrochemie und Fernleitungen sowie der von uns besprochene Bd. II Aufsuchung und Gewinnung von Erdöl behandeln.

Von den 22 Beiträgen des Bandes II, der eine gute Übersicht über die unsere arabischen Kollegen interessierenden Probleme gibt, können nur einige besonders hervorgehoben werden:

MOHAMED J. FARIS (Professor an der Shams-Universität): „Überblick über die Probleme der Erdölgeologie und historische Entwicklung der ägyptischen Erdölgewinnung" (S. 13—18)

M. A. GHORAB & M. S. AMIN: „Geologische, geophysikalische und Bohrarbeiten in Ägypten (S. 24—35) und Syrien" (S. 37 bis 42)

FAYEK FALTAS (Brennstoffamt der VAR): „Geologische Geschichte der westägyptischen Wüste" (S. 46—53)

BANDALY KOSTANDI: „Fazieskarten der ägyptischen Sedimentärbecken" (S. 54—62)

ABDEL KARIN GHALAYINI „Gravimetermessungen in Saudi-Arabien" (S. 63—82)

ALLAN H. SHURRAB „Strukturbohrungen in Saudi-Arabien" (S. 108—115)

TAHER A. HADIDI (Universität Kairo): „Thermische Sekundärverfahren" (S. 169—182)

M. KAMEL (Prof. für Geophysik, Universität Alexandria): „Bedeutung einheitlicher Interpretation physikalischer Meßergebnisse in Ras Ghareb" (S. 101—107).

Schon diese Auswahl zeigt, wie wichtig das Studium der Berichte des Bandes II des 1. Arabischen Erdölkongresses ist, der viele geologische, geophysikalische und bohrtechnische Probleme behandelt, die über den Rahmen des arabischen Raumes hinaus allgemeines Interesse verdienen. E.

RAFALSKIJ, R. P. & J. M. KANDIKIN

Experimentelle Angaben zur Kristallisation von Urandioxyd bei hydrothermalen Bedingungen

„Geologie der Erzlagerstätten", Jg. 2 (1960), H. 1, S. 98—106 (russ.)

Bei der Bildung hydrothermaler Ganglagerstätten erfolgt die Ausfällung der Mineralien nicht nur durch langsame Kristallisation aus gesättigten Lösungen, sondern kann auch durch eine plötzliche Übersättigung bedingt sein. In Verbindung damit richtete sich das Interesse der Untersuchungen auf die Kristallisation des Urandioxydes bei der Ausfällun aus stark übersättigten Lösungen. Derartige Versuche wurden durch die Reduktion sechswertiger Uranlösungen mittels Schwefelwasserstoff durchgeführt.

Die in der vorliegenden Arbeit (der bereits durch andere Veröffentlichungen über das experimentelle Verhalten von Uranverbindungen in der sowjetischen Literatur bekannten Autoren) dargelegten Angaben zur Kristallisation von Urandioxyd sind das Ergebnis elektronenmikroskopischer und röntgenographischer Untersuchungen des Niederschlages, der bei der Einwirkung von Schwefelwasserstoff auf sulfatische und karbonatische Uranyl-Lösungen durch die Erhöhung von Druck und Temperatur ausgefällt wurde.

Die Autoren gelangten bei ihrer Arbeit zu folgenden Schlußfolgerungen

a) Unter hydrothermalen Bedingungen erfolgt bei der Bildung des Urandioxyd-Niederschlages nur sehr langsam eine Rekristallisation. Die Form der einzelnen Teilchen und in noch größerem Maße ihre Kristallstruktur werden von den Ausfällungsbedingungen bestimmt.

b) Karbonatische Lösungen sind für die Kristallisation von Urandioxyd ungünstig. Dieses wird als Niederschlag in Form kleinster Teilchen mit unregelmäßiger Form und sehr unvollkommenem Kristallgitter ausgefällt. Die Kristallisation wird durch die Anwesenheit von NaCl und besonders von NaF in den Lösungen unterstützt.

c) Sulfatische Lösungen sind für die Kristallisation von Urandioxyd bei weitem günstiger. Die ausgefällten Teilchen sind größer und besitzen häufig eine kugelige Form. Dabei weisen diese Urandioxyde bereits ein mehr oder weniger vollkommenes Kristallgitter auf. Die Anwesenheit von NaCl und von geringen NaF-Konzentrationen in den sulfatischen Lösungen besitzt keinerlei Einfluß auf den Kristallisationsprozeß. H S

Zur Lage auf dem Weltmarkt für Eisenerz

Deutsches Institut für Marktforschung, Serie Rohstoffe und Preise, Nr. 13, Juli 1960

Es werden genaue Angaben über die Weltproduktion an Eisenerzen von 1950—1959 gebracht. Dann werden die wichtigsten Eisenerz fördernden und exportierenden Länder

der einzelnen Kontinente besprochen und zahlreiche Daten über Vorräte und Qualität der Erzsorten angegeben.

JOKLIK, G. F.

The Discovery of a Copper-Zinc-Deposit at Garon Lake, Quebec

„Economic Geology," Vol. 55 (1960), S. 338–353

In der vorliegenden Arbeit werden der Verlauf der Such- und Erkundungsarbeiten und die geologischen Verhältnisse einer in den Jahren 1956 bis 1958 nachgewiesenen Kupferlagerstätte in der Nähe des Garonsees, Quebec, Kanada, dargestellt.

Nach aeromagnetischen und aeroelektromagnetischen Vermessungen wurden magnetische Untersuchungen von der Erdoberfläche aus durchgeführt. Diese wiesen Anomalien in der Größe von 2000 bis 3000, max. 11000 γ nach. Im Anschluß daran angesetzte Tiefbohrungen haben einen massiven Erzkörper mit einem durchschnittlichen Kupfergehalt von 2,12% und eine sich an den Erzkörper anschließende disperse Mineralisation im Nebengestein nachgewiesen. Der z. Z. bekannte bauwürdige Kupfererzvorrat beträgt 295000 t. An Erzmineralien kommen im Erzkörper und im Nebengestein vor: Magnetkies, Pyrit, Kupferkies, Zinkblende und wenig Magnetit; als Gangarten treten Quarz und Chlorit auf. Die reichere, vermutlich in einem geschlossenen Lager auftretende Sulfidmineralisation befindet sich in etwa 30 bis 80 m Tiefe. Über die mittlere Mächtigkeit des Lagers werden keine definitiven Angaben gemacht.

Das Sulfidlager liegt innerhalb einer metamorphen Serie ehemaliger vulkanischer Gesteine, Tuffe und Sedimente und ist vor allem in der Nähe des Kontaktes von Amphiboliten (ehemalige Laven) mit quarzreichen Schiefern ausgebildet. Nach Ansicht des Verf. hängt die Vererzung sowohl hier als auch an anderen Orten (z. B. bei dem Amuleterzkörper im Noranda-Distrikt und in Orijärvi, Finnland) genetisch mit der Umwandlung von Gesteinen in Cordierit-Anthophyllit-Hornfelse zusammen, da die Vererzung immer in Begleitung dieser Gesteinsfazies auftritt. Wie aus der Textur der Erzmineralien geschlossen wird, sollen metasomatische Vorgänge bei der Platznahme der Vererzung stattgefunden haben.

Nach Angaben des Verf. betragen die Bohrkosten pro Fuß $ 7,45; allerdings entfällt dabei ein großer Teil der Kosten auf den Transport eines Bohrgerätes und eines Traktors mittels Flugzeug über eine Entfernung von 100 Meilen.

TISCHENDORF

The Future of Non-Ferrous Mining in Great Britain and Ireland

The Institution of Mining and Metallurgy, London 1959

Auf einem von der Institution of Mining and Metallurgy und der United Kingdom Metal Mining Association im September 1958 veranstalteten Symposium über die Zukunft des Nichteisenerzbergbaus in Großbritannien und Irland wurden die Aussichten einer Wiederbelebung dieses Industriezweiges sowie die damit verbundenen geologischen, technischen und ökonomischen Probleme behandelt.

Der sehr alte Erzbergbau auf den Inseln verlor seit Ende des vorigen Jahrhunderts infolge des Wettbewerbs mit den überseeischen Produzenten, die reiche Erzvorkommen und koloniale Arbeitskräfte ausbeuteten, unaufhaltsam an Bedeutung. Während vor hundert Jahren rd. 350 Blei-Zink-Gruben betrieben wurden, sind es heute nur vier. 1871 waren noch 244 Zink-Kupfer-Gruben in Betrieb, gegenwärtig arbeiten nur zwei.

Der Hauptteil des Berichtes gibt eine Analyse der Möglichkeiten und der Aussichten einer Wiederaufnahme des Erzbergbaus in den einzelnen ehemaligen Erzbergbaugebieten des Landes.

Von den Vorträgen, die die Untersuchungsmethoden behandeln, sind die Darlegungen über die Bedeutung von Luftbildaufnahmen, eine kritische Analyse der geophysikalischen und geochemischen Verfahren bei Sucharbeiten auf Buntmetallagerstätten sowie einige Mitteilungen über die Luftspülung bei Meißel- und Diamantbohrungen von allgemeinem Interesse, da sie die weltweiten Erfahrungen von erfolgreichen Experten wiedergeben.

Die Darlegungen der wirtschaftspolitischen Probleme dieses Vorhabens sind besonders interessant, weil sie die Schwierigkeiten widerspiegeln, denen sich die Lagerstättenerkundung in einem Land mit kapitalistischer Wirtschaft gegenübersieht.

Der mehrfach ausgesprochene Zweck des Symposiums bestand darin, die Unterstützung der Regierung z. B. durch steuerliche Begünstigung der Bergwerksbetriebe, insbesondere in der Entwicklungszeit, zu erhalten, um die sehr risikoreichen Arbeiten der Lagerstättenerkundung und Entwicklung neuer Bergwerksbetriebe für das Kapital anziehender zu gestalten.

Als wichtigste Voraussetzung für die Gewährung von Regierungshilfen wird der erfolgreiche Nachweis des Vorhandenseins von Vorräten erkannt, den zu führen jedoch ohne die erwähnten staatlichen Förderungen nicht möglich ist. Der britische Erzbergbau befindet sich somit nach den Worten eines Diskussionsredners in einem tödlichen Kreis, und es wurden zahlreiche, einander vielfach widersprechende Vorschläge erörtert, den Erzbergbau aus dem Dilemma herauszuführen.

Das Symposium machte deutlich, daß das Privateigentum an den Bodenschätzen eine der wichtigsten Ursachen für das Stagnieren des Erzbergbaus in England darstellt.

Der Vorschlag von JONES, emeritierter Professor des College of Science and Technology London, die Bodenschätze in Staatseigentum überzuführen, selbstverständlich gegen Entschädigung, trifft auf einen nahezu geschlossenen Widerstand des Symposiums. Begrüßt wird er lediglich von Diskussionsrednern aus Bergbaukreisen.

Die Vertreter der Mineraleigentümer verwahren sich gegen eine solche „unmoralische Beschränkung von privaten Rechten", beweisen, daß eine Beeinträchtigung der Entwicklung des Erzbergbaus durch das private Besitzerrecht gar nicht gegeben ist, und fordern vielmehr mit Nachdruck steuerliche Begünstigungen für die Bergbaubetriebe, mindestens in der Entwicklungsperiode, und eine stärkere Aktivität des Geological Survey durch die Übernahme von Grundlagenforschungen zum Aufsuchen von blinden Lagerstätten, die über die Finanzkraft privater Unternehmen hinausgehen.

Dieser Verlauf des Symposiums bestätigt die Schlußausführungen des Festvortrags von A. GRAY, daß der Steuerzahler und nicht der Aktienbesitzer die Rechnung bezahlt, wenn eine Gesellschaft Mittel für den Aufschluß von Bodenschätzen ausgibt.

LEWIEN

CHEMERY, J.

Histoire de la mise en valeur minière des Territoires d'Afrique centrale

Bureau d'Études Géologiques et Minières, Paris 1960

Diese 175 Seiten umfassende, vom Bureau d'Études Géologiques et Minières in Paris herausgegebene Veröffentlichung behandelt in erster Linie die Entwicklungsgeschichte zentralafrikanischer Bodenschätze vom rein chronologischen Standpunkt, etwa vom Ende des vorigen Jahrhunderts bis 1957.

Unter Zentralafrika wird der frühere und zum Teil noch heute bestehende britische, französische, portugiesische und belgische Kolonialbesitz von Senegal bis Südrhodesien und vom Atlantischen bis zum Indischen Ozean, einschließlich der Insel Madagaskar, verstanden.

Die zuerst behandelten Edelmetalle und zum Teil auch Diamantenvorkommen gehören als Frühentdeckungen auch chronologisch an die erste Stelle. Ghanas frühester Goldabbau wird ungefähr mit dem Jahre 1880 angegeben, die von den Afrikanern betriebene Ausbeute geht jedoch um Jahrhunderte weiter zurück.

Es folgen die übrigen Minerallagerstätten, wobei wieder auffällt, daß die Ausbeute relativ wertvoller Mineralien derjenigen von Eisen, Nichteisenmetallen und Leichtmetallen zeitlich vorausging. So wurde Zinnerz bereits 1903 in Nigeria abgebaut, Mangan jedoch erst 1916 in Ghana und Kupfer in beachtlichen Mengen erst von 1927 an in Nordrhodesien.

Im zweiten Teil werden die Entwicklung und der Abbau der Lagerstätten in den einzelnen Kolonialgebieten behandelt. Es werden durchaus nicht immer überzeugende Gründe für den bedeutenden Unterschied in der mineral-ökonomischen Entwicklungsgeschichte der einzelnen Länder gesucht und gefunden. So produzierte Südrhodesien 1929 bereits 38000 t Asbest, 262000 t Chrom, über 1 Mill. t Kohle und 561000 Unzen Gold, während zu jener Zeit im räumlich sechsmal so großen Französisch-Äquatorial-Afrika überhaupt nichts gewonnen wurde.

Die Statistik zeigt, daß, mit Ausnahme von Madagaskar, durchweg die bergbauliche Entwicklung der britischen und der ehemaligen deutschen Kolonien sowie des ehemaligen Belgischen Kongo den französischen zeitlich vorausgegangen ist.

Weitere Kapitel behandeln die Beziehungen zwischen Erstentdeckung und Entwicklung des Bergbaus und der bergbaulichen Produktion. Für Kamerun wird auf S. 70 in der Gesamtperiode von 1901 bis 1920 nur eine einzige unbedeutende Entdeckung von Rutil angegeben, was aber den Tatsachen nicht entspricht.

Einen erheblichen Teil des Buches bilden Tabellen, die die jährliche Produktion der einzelnen Kolonien sowie den Wert der abgebauten Mineralien angeben. Weitere Tabellen zeigen chronologisch Ausbeute und Wert einzelner Vorkommen der Kolonien und schließlich eine Gegenüberstellung von Entdeckungszeit und Beginn der Ausbeute.

H. P. T. Hyde

Záruba, Q. & W. Mencl

Ingenieurgeologie

Akademie-Verlag Berlin

Der Akademie-Verlag bereitet die „Ingenieurgeologie" von Q. Záruba & W. Mencl in deutscher Sprache als dritte durchgesehene und ergänzte Auflage nach der 2. Auflage vor, die 1957 in Prag erschien. Das Buch wird voraussichtlich im vierten Quartal 1961 zu erwerben sein.

Im ersten Teil werden die geologischen Karten und Untersuchungsmethoden beschrieben, wobei ein Kapitel den Sondierungen gewidmet ist. Der zweite Teil behandelt die allgemeinen Aufgaben der Ingenieurgeologie bei der Untersuchung der verschiedenen Baugrundarten, bei der Begutachtung von Rutschungen und bei der Erkundung und Aufschließung von natürlichen Baumaterialien. Der dritte Teil befaßt sich mit den Aufgaben und der Methodik der ingenieurgeologischen Arbeiten für die verschiedenen Richtungen des Ingenieurbaus (Hoch- und Industriebau, Verkehrsbau, Tunnelbauten, hydrotechnisches Bauwesen) und bei der Gebiets- und Siedlungsplanung.

Das Buch ist besonders wertvoll durch die zahlreichen neuen Beispiele aus der langjährigen Praxis der beiden Autoren. Es ist ausgezeichnet dazu geeignet, den Geologen mit vielen bautechnischen Problemen vertraut zu machen und andererseits dem Ingenieur die verschiedensten Wechselwirkungen zwischen Bauwerk und Baugrund in Abhängigkeit von der geologischen Situation zu zeigen.

H. Käbel

Popow, I. W.

Ingenieurgeologie

2. Auflage, Moskau 1959

Das grundlegende Werk „Ingenieurgeologie" von Popow ist als Lehrbuch für die Studenten der Fachrichtung Hydrogeologie und Ingenieurgeologie an den sowjetischen Universitäten und Hochschulen geschrieben. In der Sowjetunion wird die Ingenieurgeologie entsprechend ihren verschiedenen Untersuchungsobjekten in drei Hauptrichtungen unterteilt: Baugrundkunde, dynamische oder eigentliche Ingenieurgeologie und regionale Ingenieurgeologie. Dieses Lehrbuch ist der dynamischen Ingenieurgeologie gewidmet.

Das Lehrbuch von Popow ist eine gute methodische und praktische Richtlinie für den im Gelände tätigen Ingenieurgeologen. Jedes Kapitel wird durch ein umfangreiches Literaturverzeichnis ergänzt.

Im allgemeinen Teil werden die Entstehung und Entwicklung der Ingenieurgeologie in der Sowjetunion beschrieben, ferner wird die Ingenieurgeologie im Ausland kritisch eingeschätzt. Diese Ausführungen enthalten wichtige Hinweise, die für die Entwicklung der jungen Ingenieurgeologie in der DDR von großem Nutzen sein können.

Im zweiten Teil des Buches folgt eine ausführliche Beschreibung aller ingenieurgeologischen Erscheinungen und Prozesse, die für die allgemeine Standsicherheit eines Geländes Bedeutung haben. Im Unterschied zu einer rein geologischen oder geomorphologischen Behandlung geht I. W. Popow stets auf die ingenieurgeologisch wichtigen Seiten dieser Prozesse ein und gibt methodische Hinweise zu ihrer Untersuchung. Für jeden physikalisch-geologischen Prozeß werden die Klassifizierungsprinzipien angeführt.

Im dritten Teil des Werkes beschreibt der Autor die ingenieurgeologischen Untersuchungen bei der Projektierung von Bauvorhaben. Einleitend behandelt er die Abhängigkeit der Untersuchungen von den geologischen Verhältnissen, den Charakter des Bauvorhabens und der Projektierungsstadien und dann die ingenieurgeologische Kartierung und die ingenieurgeologischen Karten. Zu diesem Kapitel gehören ferner Angaben über ingenieurgeologische Untersuchungsmethoden.

Großen Raum widmet der Autor methodischen Hinweisen über Umfang und Art der ingenieurgeologischen Untersuchungen für die einzelnen Zweige des Bauwesens (Industrie- und Städtebau, Verkehrsbau, hydrotechnisches Bauwesen, Bergbau). Innerhalb der einzelnen Zweige des Bauwesens werden die ingenieurgeologischen Untersuchungen nach den verschiedenen Projektierungsstadien geordnet.

In diesem Buch werden die langjährigen praktischen Erfahrungen der sowjetischen Ingenieurgeologen beim planmäßigen Aufbau der Volkswirtschaft zusammengefaßt. Das Werk ist für alle Institutionen der DDR, die sich mit ingenieurgeologischen Untersuchungen befassen, von unschätzbarem Wert.

H. Käbel

Wassiljew, A. M.

Baugrundklassifikation für das Bauwesen

Woprossy issledowanija gruntow-osnowanij ssoorushenij, Sammelband 33, Moskau 1958

Auf der Grundlage seiner langjährigen Untersuchungen und unter Auswertung der bestehenden Klassifikationen schlägt Wassiljew eine neue Baugrundklassifikation für das Bauwesen vor. Er teilt alle Gesteine in vier Hauptbaugrundklassen ein: felsige, halbfelsige, klastische und plastische. Die weitere Unterteilung der Klassen führt er nach genetischen Merkmalen und den wichtigsten physikalisch-mechanischen Baugrundziffern durch (z. B. Zusammendrückbarkeit, Wasserlöslichkeit, Korngrößen, Konsistenz, Aufweichbarkeit, Porosität, Filtrationsfähigkeit u. a.). Neu ist seine Einteilung der plastischen Gesteine in Lehmsande, Lehme und Tone nach der maximalen molekularen Feuchtigkeit (nicht nach Steifezahl oder Kornverteilungskurve). Für diese Baugrundarten führt er typische physikalische Kennwerte an. Die vorgeschlagene Klassifikation kann gleichzeitig als Anleitung besonderer Art zur Auswahl der notwendigen Analysen und Untersuchungen dienen.

H. Käbel

Wassiljew, A. M.

Kurze kritische Übersicht über die inländischen und ausländischen Klassifikationen des Baugrundes

Woprossy issledowanija gruntow-osnowanij ssoorushenij, Sammelband 29, Moskau 1956

Der Autor gibt eine kritische Beschreibung der wichtigsten russischen und sowjetischen Klassifikationen (Lomonossow, Wassiljew, Sawarenskij, Priklonskij, Maslow, OST 90004—38, NiTU 6—48, Sergejew) und stellt fest, daß sie von den natürlich-historischen Entstehungsbedingungen der Gesteine ausgehen und auf der Grundlage der Lithogenese im weitesten Sinne beruhen. Perspektiven für eine Weiterentwicklung haben die Baugrundklassifikationen von Maslow und NiTU 6—48 und die ingenieurgeologische Klassifikation von Sawarenskij.

Von den ausländischen Klassifikationen ist die polnische am eingehendsten ausgearbeitet. Die in den USA, England und anderen Staaten angewandten Nomenklaturen für die Benennung der Baugrundarten stehen hinsichtlich der Klarheit der Begriffe der in der UdSSR gebräuchlichen Nomenklatur nach. Wassiljew gibt auch zum ersten Male eine sachlich richtige Gegenüberstellung der englischen und russischen Begriffe.

H. Käbel

Koark, H. J.

Neuzeitliche Methoden der geologischen Begutachtung bei Bauten im festen Gestein

Särtryck ur Geologiska Föreningens Förhandlingar, Bd. 81 (1959), H. 4

Die Anwendung und Notwendigkeit gefügekundlicher Arbeitsmethodik (tektonische Analyse, Korngefüge, Gefügerelief usw.) bei geologischen Begutachtungen für Bauten im festen Gestein werden allgemein diskutiert und an Beispielen von Wasserkraftbauten (Seitevare/Lappland, Trängslet/Dalarna) und Grubenbauten (quarzgebänderte Eisenerze in Stråssa und Blanka, Sulfiderze in Falun) erläutert. Die Eigenarten des tektonischen Baus im mitteltiefen bis tiefen Grundgebirge (steilachsige Einengungsräume und Schlingenbaue, Intrusionstektonik, Migmatisierungsgebiete usw.) und ihre spezifischen Einflüsse auf ingenieurgeologisch-technische Fragen werden hervorgehoben.

Als Voraussetzung für moderne ingenieurgeologische Beratung werden die Typisierung und Abgrenzung von Anisotropien und Inhomogenitäten im Stoff und Gefuge aller geologischen Größenordnungen (Hunderte von Metern bis Dünnschliff) angesehen, die in hohem Grade für die technischen Eigenschaften der Gesteine und ihrer geologischen Einheiten, wie Festigkeit, Leitfähigkeit, Durchlässigkeit usw., verantwortlich sind. Es wird versucht zu zeigen, daß deren

Kenntnis und Verständnis nicht nur dem Geologen, sondern auch dem auf gleichem Gebiet arbeitenden Materialphysiker (Druckversuche, Gebirgsdruck, Mikroseismik usw.) und Geophysiker (Seismik, Elektromagnetik) zu wirklichkeitsnäheren Prämissen verhelfen kann.

Köster, E.

Mechanische Gesteins- und Bodenanalyse
Leitfaden der Granulometrie und Morphometrie

Carl Hanser Verlag, München 1960. — 172 S., 38 Abb.; DM 24,—

Der Verfasser hat die in der deutschen und ausländischen Fachliteratur erschienenen Einzeldarstellungen über die Granulometrie zusammengefaßt und versucht, die Grundlagen für eine einheitliche, internationale Terminologie zu geben. Die geschilderten sedimentpetrographischen Untersuchungsmethoden erstrecken sich von der Bodenmechanik bis zur Analyse fossiler Sedimente. Die klare Gliederung des Buches beginnt mit einer recht beachtlichen Klassifikation der Böden und führt über die verschiedenen Methoden, Vorbehandlungen und Analysendurchführungen zur Auswertung der erzielten Ergebnisse. Hierbei beschränkt sich der Autor nicht auf die wissenschaftlich-technischen Methoden, sondern berücksichtigt Schnellbestimmungsverfahren und Routineuntersuchungen, die auch mit kleinem Instrumentarium von Anlernlingen durchgeführt werden können. Besonders hervorgehoben seien die Abschnitte über Siebung, Schlämmung, Probenahme, Schotteranalysen, geologische Hinweise zur Auswertung und graphische Darstellungsweisen. Das Buch ist vor allem den Geologen, die mit Lockergesteinen zu tun haben, zu eingehendem Studium zu empfehlen.

E.

Chilingar, E. V. & L. Knight

Relationship between Pressure and Moisture Content of Kaolinite, Illite and Montmorillonite Clays

Bull. AAPG, Vol. 45 (1960), Nr. 1, S. 101—106

Es wurden Versuche mit Drücken bis 14000 at an Kaoliniten, Montmorilloniten und Illiten durchgeführt und der verbleibende Feuchtigkeitsgehalt in Abhängigkeit vom Druck dargestellt. Wählt man für den Druck eine logarithmische Skala, dann stellt der Restwassergehalt im Meßbereich für Kaolinite eine geradlinige Beziehung zum Druck dar, das gleiche gilt für Illite, deren Restwassergehalte jedoch um 50% höher liegen. Montmorillonit zeigt diese einfache logarithmische Abhängigkeit nicht, sondern eine konvex gekrümmte Kurve, die erst bei etwa 70 at in einen geraden Ast übergeht. Ursache: der Montmorillonit gibt noch bis 70 at freies Wasser ab, erst dann gebundenes.

Meinhold

Forgotson, I. M.

Review and Classification of Quantitative Mapping Techniques

Bull. AAPG, Vol. 44 (1960), Nr. 1, S. 83—100

Diese Arbeit zeigt, wie quantitative geologische Daten zweckmäßig auf Karten dargestellt werden können. Der Autor gliedert die Karten in: 1) Struktur- und topographische Karten, 2) Isopachenkarten, 3) Fazieskarten, 4) Karten vertikaler Änderungen, 5) mathematisch-analytische Karten. Zur Gruppe 3) gehören auch geochemische Karten, Fauneninhaltskarten, auch Darstellungen mit Verhältnissen mehrerer Komponenten, zur Gruppe 4) solche, die die räumliche Anordnung der Komponenten in einer stratigraphischen Einheit erläutern. Gruppe 5) umfaßt Gradientenkarten, Karten höherer Ableitungen und andere durch mathematische Analyse gewonnene Darstellungen. Beispiele solcher Karten sind abgedruckt.

Meinhold

Simon, W.

Landschaftsgestaltung, Winderosion und landwirtschaftliche Produktion

„Urania", 1960, S. 374—377

Erosionsschäden zeigen sich besonders auf feinerdearmen, sandigen Böden. Etwa 1 Mill. ha Ackerland sind in der DDR gegen Bodenerosion schutzbedürftig. Dabei sind etwa 100000 ha stark gefährdet. Der Anteil sandiger Ackerböden beträgt in den Bezirken Cottbus 54,1%, Potsdam 41,8%, Schwerin 35,7% und Frankfurt (Oder) 30,4% der gesamten Ackerfläche. Wasser mit einer Geschwindigkeit von 0,1—0,2 m/s vermag Ton- und Feinsande von unter 0,2 mm Durchmesser fortzutragen, Winde mit einer Geschwindigkeit von 5—6 m/s Sandkörner von 0,25—0,50 mm Durchmesser. Schädliche Winderosion macht sich im Umkreis der Abraumhalden des Braunkohlenbergbaus bemerkbar. Durch angewehte Sandmassen, die in der Umgebung der Kippen bis zu 25 cm und mehr mächtig werden können, entstehen erhebliche Flurschäden. Zur Abwendung der Winderosion schlägt der Autor für reine Sandgegenden die Anlage von Feldschutzstreifen vor.

L.

Rittmann, A.

Vulkane und ihre Tätigkeit

Zweite umgearb. u. erw. Aufl., Enke Verlag Stuttgart 1960. — 336 S., 113 Abb., 2 Taf.; 53,— DM

In dieser zweiten Auflage werden vom Verf. die seit der Erstausgabe im Jahre 1936 gemachten Fortschritte in der Vulkanologie, der Magmatologie und den Nachbarwissenschaften gründlich berücksichtigt, und er setzt sich auch mit neuen Erklärungsversuchen auseinander. Dabei stützt er sich weitgehend auf seit 1936 gewonnene eigene Erfahrungen in für die Vulkanologie wesentlichen Gebieten. Die Erkenntnis, daß die vulkanischen Vorgänge aus dem physikalisch-chemischen Verhalten des Magmas verstanden werden müssen, ist grundlegend für Aufbau und Inhalt des Buches. Auf die mehr beschreibenden ersten Abschnitte folgen sehr gründliche magmatologische Untersuchungen, auf deren Basis sodann die Entwicklung der Magmaherde und der Ausbruchsmechanismus der Vulkane erörtert werden. In den letzten beiden Abschnitten, die den Zusammenhängen von Orogenese, Epirogenese und Vulkanismus gelten und schließlich diese auf kosmogonisch-planetarischer Grundlage zu erklären suchen, verdichtet Rittmann seine bekannten Anschauungen zu einer gefestigten Theorie und stellt diese in wohlbegründeter und sehr entschiedener Form erneut zur Diskussion. Kennzeichnend für diese Theorie ist die Überzeugung, daß Kratone und Orogene in ihrem mechanischen Verhalten nicht grundsätzlich verschieden sind, sondern daß Störungen der gravitativen, isostatischen, hydrostatischen, geothermischen und physiko-chemischen Gleichgewichte die Mobilität der Orogene erzeugen.

Havemann

Neuerscheinungen und Literaturhinweise

Autorenkollektiv
Arbeiten über die Geologie Bulgariens. Serie Geochemie und Bodenschätze, Nr. 1
Verlag der Bulgarischen Akademie der Wissenschaften, Sofia 1960. — 390 S.

Schuzkaja, J. K.
Stratigraphie und Fazies im unteren Paläogen des Ziskaukasus
Gostoptechisdat, Moskau 1960. — 112 S.

Kowaljow, W. F.
Unterirdische Wässer des Mittleren und Nördlichen Transural und Fragen der Gas- und Erdölführung
Arbeiten des Berggeologischen Instituts, Bd. 48, Isd. AN SSSR, Moskau 1960. — 160 S.

Hager, W.
Erdöl — Energieträger und chemischer Rohstoff
Urania-Verlag, Leipzig 1960. —,80 DM

Kurek, A.
Zur Lage auf dem Weltmarkt für Nickelerz und Nickelmetall
Bergbautechnik, Jg. 10 (1960), S. 418—424

Kalinin, S. K., u. a.
Atlas der Spektrallinien der Elemente
Isd. AN Kas. SSR, 1960. — 32 S.

Koljubakin, W. W. & M. I. Lapina
Überblick über die Verfahren zur Lösung der direkten und der indirekten Aufgabe der Magneterkundung
Isd. AN SSSR, 1960. — 328 S.

Autoren-Kollektiv
Arbeiten des Laboratoriums für Aerometheden der Akademie der Wissenschaften der UdSSR (Band IX)
Isd. AN SSSR, 1960. — 400 S.

Nachrichten und Informationen

Beschlüsse des 2. Arabischen Erdölkongresses

Auf dem 2. Arabischen Erdölkongreß, der vom 17. bis 22. Oktober 1960 in Beirut stattfand, wurden u. a. die folgenden drei Beschlüsse einstimmig angenommen.

Beschluß 1: Der Kongreß unterstützt die Forderungen der arabischen Länder und ihre Bemühungen, die Bedingungen für Ölkonzessionen zu verbessern. Die Kongreßteilnehmer geben der Hoffnung Ausdruck, daß die Gesellschaften diese gerechten Forderungen günstig aufnehmen werden, damit die Weiterführung einer fruchtbaren Zusammenarbeit zwischen ihnen und den Regierungen, Gesellschaften und Verbrauchern gesichert wird.

Beschluß 2: Der Kongreß lehnt das von den Ölgesellschaften angewandte Mittel der Preisreduktion für Rohöl und dessen Produkte ohne die Zustimmung der Regierungen der Erdöl ausführenden Länder ab. Auch unterstützt der Kongreß den von diesen Regierungen bei der Zurückweisung einer solchen Reduktion vertretenen Standpunkt.

Beschluß 3: Der Kongreß empfiehlt den Regierungen der arabischen Länder, ihre Anstrengungen zu verdoppeln und durch technische, ökonomische und gesetzeskundliche Lehrgänge ein Ausbildungsniveau zu schaffen, das den Söhnen der arabischen Länder die Beteiligung an den Arbeiten der Ölgesellschaften ermöglicht.

Der Direktor für Erdöl- und Mineralfragen Saudi-Arabiens **Scheich Abdullah Tariki** (Bildmitte) mit den teilnehmenden Beobachtern aus der UdSSR und der DDR (erste Reihe) nach Abschluß des Kongresses.

Lagerstätten in der Demokratischen Republik Vietnam

Die Vorräte des ausgedehnten Anthrazitgebiets von Hong Gai betragen etwa 10 Mrd. t. Die Förderung erreichte 1958 etwa 1,6 Mill. t. Mit Anthraziten von Lang Cam und Quang Trieu wird das im Bau befindliche metallurgische Zentrum von Thai Nguyen versorgt werden. Dort lagern in einem 20 km langen Streifen mindestens 60 Mill. t Eisenerze. Die neu eingeleiteten geologischen Erkundungsarbeiten lassen weitere bedeutend größere Vorratsmengen erwarten. Fettkohle ist in Phu Nho Quan und in Van Jen in einem Gebiet von 160 km Länge und 25—75 km Breite erkundet worden. Braunkohle tritt im Gebiet des Roten Flusses auf und zieht sich in einer Breite von 5 km über 130 km Länge von Lao Cai nach Viet Tri hin. Bisher sind dort 75 Mill. t Vorrat errechnet worden. In Lao Cai lagern außerdem hochwertige Apatite, von denen bereits 1 Mrd. t erkundet wurden. Es wird ein modernes Superphosphatwerk gebaut, das den Apatit zu Düngemitteln verarbeiten wird. Von den übrigen reichen Bodenschätzen sei noch die Chromitlagerstätte von Co Dingh erwähnt. Ihr Erz enthält 42% Chromoxyd und 0,4% Nickel. Zukunft haben weiter Zink-, Zinn- und Bauxitlagerstätten. Bei den geologischen Erkundungsarbeiten leisteten sowjetische, chinesische, tschechoslowakische und Experten anderer Länder wissenschaftliche und technische Hilfe. E.

Erdgas/Erdöl

Erdgas in Usbekistan

Nachdem die bisher erforschten Vorräte an Erdgas im Gebiet Buchara—Chiwa auf 1,3 Billionen m³ berechnet wurden, ist die Sowjetrepublik Usbekistan hinsichtlich ihrer Gasvorräte auf den ersten Platz in der UdSSR aufgerückt. Mit einer Förderung von 18 Mrd. m³ im Jahr 1965 will Usbekistan nicht nur seinen eigenen Bedarf decken, sondern auch noch den mittleren und südlichen Ural versorgen. 650 km Fernleitungen sind im Bau, weitere 4400 km sind projektiert. Während 1958 in der usbekischen Brennstoffbilanz der Anteil der Kohle 76% und der des Gases 3% betrug, wird 1965 der Anteil der Kohle auf 22% zurückgegangen und der des Gases auf 60% angestiegen sein. E.

Ausnutzung des Erdgases von Saudi-Arabien

Hassan A. Tayim trat auf dem 2. Arabischen Erdölkongreß in Beirut für die Ausnutzung der in Saudi-Arabien anfallenden Erdgase und Erdölgase ein (Utilization of Natural Gas in Saudi Arabia, Kairo 1960).

Erdgas, das früher den Ölleuten als ein lästiges Nebenprodukt erschien, ist nach Tayim heute zu einer Quelle der Wohlfahrt für die Länder geworden, die es auszunutzen verstehen. Er wies vor allem auf die Erfolge hin, die man in Italien mit der Verwendung von Methan erzielt hat. Er meinte, daß das Gas wieder einmal den Erdölleuten lästig werden könne, weil es die Erdölmärkte, sobald es in verflüssigter Form zur Verfügung steht, angreifen könne.

Das Erdgas Saudi-Arabiens sollte mit dem gleichen Elan wie in anderen Ländern ausgewertet werden. Die amerikanische Aramco steht aber auf dem Standpunkt, daß sich die Verwendung der saudi-arabischen Gase nicht lohne, weil sie im Verhältnis zur Rohölgewinnung zu wenig Profit abwerfe. Tayim leugnet dies und ruft die Öffentlichkeit auf, möglichst bald mit der Gasverwertung zu beginnen und hierzu eigene arabische Kader auszubilden. Zum Schluß seiner Ausführungen gab Tayim der Hoffnung Ausdruck, „daß überall in der Welt Geschäftsleute, die sich für die Erdöl- und Erdgasgewinnung interessieren, die Möglichkeit einer Auswertung des saudi-arabischen Erdgases in Erwägung ziehen sollten; denn das Gas Saudi-Arabiens ist in großer Menge und zu denkbar niedrigen Preisen zu haben". E.

Sibirisches Erdöl

Nachdem im Frühjahr in Mulyma das erste industrielle Erdöl in Sibirien gefunden wurde, ist jetzt im selben Gebiet eine weitere Bohrung eruptiv fündig geworden. Die Bohrung, die vorfristig beendet wurde, fördert täglich 60 t qualitativ hochwertiges Erdöl und 5000 m³ schweres Gas.

N. Wegert

Kreideöl in Syrien

Die Bohrung Sonedie 1 traf in 1713—1935 m Teufe ölführende Kalke und Dolomite der Oberkreide an. Auf Grund der Produktionsversuche erwartet man eine eruptive Tagesförderung von etwa 100 t. Die Struktur, auf der die Bohrung fündig wurde, hat nach den geophysikalischen Messungen einen Umfang von etwa 75 km². E.

Erze

Chromerze bei Kemi

In der Nähe der nordfinnischen Hafenstadt Kemi wurde ein Chromerzvorkommen festgestellt, das nach Angabe des geologischen Forschungsinstituts wenigstens 15 Mill. t eines 20%igen Erzes umfaßt. Es wurde von einem Taucher entdeckt, der im Frühjahr 1959 Proben, die er wenige km von Kemi entfernt gefunden hatte, zur Begutachtung an das Geologische Forschungsinstitut weitergereicht hatte. Die Mächtigkeit der Erzführung erreicht 30—90 m. Sie wurde bis 250 m Teufe festgestellt, reicht aber wahrscheinlich noch tiefer hinab. Besonders hochwertige Anbrüche zeigen 47,5% Cr_2O_3, 19—27% Fe_2O_3 und 6,5—9% MnO. Wegen des ungünstigen Verhältnisses von Eisen und Chrom sowie des hohen Mangangehaltes werden von einigen Seiten Schwierigkeiten bei der Verhüttung erwartet. E.

Die Kupferproduktion in Afrika

Der Weltverbrauch von Kupfer betrug 1959 etwas weniger als 3,5 Mill. t. Ein großer Teil des Kupfers wird in der Zentralafrikanischen Föderation, in Südwestafrika, Republik Kongo und der Südafrikanischen Union gewonnen. In Tsumeb fördert man monatlich etwa 19000 t Blei-, Kupfer- und Zinkkonzentrate. Nordrhodesien, nach Chile und den USA der drittgrößte Kupferproduzent der Welt, gewann im Januar 1959 etwa 36000 t Kupfer. Die Erzreserven von Chingola werden bei einem Durchschnittsgehalt von 4,81% Kupfer mit über 10 Mill. t angenommen. In Mauretanien wird das schwefelhaltige Kupfererz von Guelb Mogrhein auf 18,5 Mill. t mit 1,5% Kupfergehalt, das oxydierte Kupfererz auf 9,5 Mill. t mit einem Kupfergehalt von 2,5% geschätzt. -D-

Niob-Tantal-Rohstoffbasis

(nach B. J. Kogan, Fragen der Mineralogie, Geochemie und Genese von Lagerstätten seltener Elemente, Akad. Wiss UdSSR, Moskau 1960)

Die industriell nutzbaren Nb- und Ta-Rohstoffe der außerhalb der UdSSR liegenden Staaten

Konzentrate und andere Produkte	Hauptgewinnungsland	Gewonnene Nb- u. Ta-Mengen in %[1])
Kolumbit, Tantalit, Tantalit-Kolumbit	Nigerien, Kongo, Mozambique, Südrhodesien, Brasilien, Malaya, Australien, Portugal	80–85
Kassiterit-Tantalit-Kolumbit[2])	Kongo	
Pyrochlor	Norwegen, Tanganjika, möglich Westdeutschland	7–8
Euxenit	USA	3–4
Schlacken der Zinnschmelzereien[3])	Kongo, Nigerien, Malaya, Portugal	5 (?)
Torolith	Kongo	unbekannt
Mikrolith, Samarskit, Fergusonit, Tapiolith	USA, Mozambique, Australien	0–0,5

[1]) Nach Angaben von 1957
[2]) Mittlere Gehalte an Nb_2O_5 und Ta_2O_5 10%
[3]) Mittlere Gehalte an Nb_2O_5 und Ta_2O_5 in Schlacken von Kongo – 10%, Schlacken von Malaya – 5%

Die Hauptquellen des Kolumbits und Tantalits

Typ der Lagerstätte[1])	Fundpunkte	Erhaltene Produkte	Ökonom. Bedeutung	Begleit. Mineralien
Eluviale-deluviale u. alluviale Seifen	Nigerien, Kongo, Australien, Brasilien u. a	Kolumbit, Tantalit, Tantalit-Kolumbit u. Kassiterit-Tantalit-Kolumbit	Hauptquelle Kolumbit	Kassiterit Torolith Zirkon Monazit
Verwitterungskruste kolumbithaltiger Granite	Nigerien	Kolumbit		
Biotitgranite Quarzgänge und Greisen	Nigerien Kongo, Uganda, Nigerien	Kolumbit Tantalit	Kolumbit Bedeut. Anteil an der Gewinnung von Tantalit	Kassiterit Kassiterit, Torolith
Granitpegmatite	Brasilien, Kongo, Süd-Rhodesien, Australien, USA u. a.	Tantalit	Hauptquelle Tantalit	Kassiterit Beryll, Spodumen, Lepidolith, Mikrolith, Torolith

[1]) Nach der Klassifikation von L. S. Borodin

Charakteristik der in den einzelnen Ländern gewonnenen Kolumbit- und Tantalitkonzentrate, in %[1])

Länder	Kolumbitkonzentrat[2])		Tantalitkonzentrat[3])	
	Nb_2O_5	Ta_2O_5	Ta_2O_5	Nb_2O_5
Australien	–	–	47,1	10,5
Kongo	40,3	30,7	39,5	31,6
Bolivien	59,6	11,2	–	–
Brasilien	48,7	25,8	60,1	29,1
Brit.-Guayana	56,0	16,0	–	–
Malaya	53,6	12,7	39,9	35,2
Mozambique	39,7	32,5	–	–
Nigerien	58,8	8,3	54,0	19,0
Portugal	–	–	40,3	30,5
Südrhodesien	–	–	40,0	29,2
Spanien	–	–	40,0	35,0
Uganda	31,8	16,6	–	–
Südafrikanische Union	37,6	34,7	–	–

[1]) Diese Angaben entsprechen den von den USA importierten Konzentraten für sechs Monate des Jahres 1952.
[2]) Der in die USA importierte Kolumbit enthält im Mittel 67,9% Nb- und Ta-Oxyde
[3]) Der in die USA importierte Tantalit enthält im Mittel 73,8% Nb- und Ta-Oxyde

W. B.

Ingenieurgeologie/Hydrogeologie

Der Voltadamm in Ghana

In Ghana soll bis 1968 das Volta-River-Projekt vollendet sein. Es handelt sich um einen Erddamm oder eine Betonmauer über den Unterlauf des Voltaflusses bei Akosombo.

Diese Talsperre wird der Energiegewinnung dienen. Der Strom soll in erster Linie einem Aluminiumwerk in der Hafenstadt Tema, 20 km östlich der Hauptstadt Accra, zugeleitet werden, damit dort in Ghana gewonnener Bauxit zu Aluminium verarbeitet werden kann. Die Kosten für den Damm und das Kraftwerk wurden auf etwa 58,6 Mill. Ghana-Pfund (685 Mill. Mark) veranschlagt. Reuter

Neuartiger Staudamm

In Südkalifornien arbeitet man jetzt mit einer neuen Dammkonstruktion, die aus einem 45 m langen Neopren-Nylon-Schlauch mit 9 m Umfang und 3,2 mm Wandstärke besteht.

Dieser Staudamm ist zusammenlegbar und röhrenförmig. Die Überlaufeinrichtung ist so beschaffen, daß bei zu großem Gewicht des Wassers der Damm erniedrigt wird und überläuft. Beim Nachlassen der Flut füllt sich der Damm wieder selbständig bis zur ursprünglichen Höhe auf. Der Nylonschlauch ist seitlich und unterhalb an Betonfundamenten verankert. Die Füllung dauert 25 min, die Entleerung 12 min. Gegen Treibgut und Geschiebe ist der Damm durch einen Neopreneüberzug gesichert. Reuter

Orange-Staudamm

Zur Zeit überprüft man den Bau eines großen Kraftwerks am Unterlauf des Orange-Flusses. Hier bietet sich die Möglichkeit, einen 183 m hohen Staudamm zu errichten. Durch dieses Projekt würde ein 180 km langer Stausee mit einer überfluteten Fläche von 8,8 Mill. ha entstehen. Die Gesamtkosten des Wasserkraftwerks mit einer Leistung von 420000 kW werden auf etwa 545 Mill. DM veranschlagt. Im Gutachten wird eine Kuppelbogenstaumauer empfohlen, die auf der einen Talseite direkt auf Dolomit gegründet werden kann, während auf der anderen Talseite Gneise auf Dolomit liegen. Reuter

Talsperre im Biggetal

Das Talsperrensystem im Biggetal zwischen Olpe und Attendorn ist das 14. Speichersystem des Ruhrtalsperrenvereins und z. Z. etwa zur Hälfte fertiggestellt.

Durch die Biggetalsperre werden 700 ha Land überflutet und 140 Mill. m^3 Wasser gestaut.

Der Staudamm erreicht eine Höhe von 47,5 m und eine Länge von 640 m und soll die Täler der Ilme und Bigge abschließen. Im Rahmen dieses Projektes werden für eine Eisenbahnlinie insgesamt 2,5 km lange Tunnel errichtet, weiterhin mehrere Doppelstockbrücken für Eisenbahn und Straße, die über Seitenbecken führen sollen.

Reuter

Sowjetunion übernimmt auch die zweite Ausbaustufe des Assuandammes

Die Sowjetunion hat der VAR einen weiteren Kredit von 900 Mill. Rubel für den Weiterbau des äußeren Dammes gewährt und übernimmt damit die Gesamtfinanzierung dieses großen Projektes.

Assuan liegt 934 km südlich der Hauptstadt Kairo auf dem östlichen Nil Ufer. Es hat als Hauptstadt der südlichsten, kleinsten ägyptischen Provinz 32000 Einwohner.

Geologisch ist Assuan insofern bekannt, als von dort die bekannten ägyptischen Granitobelisken stammen.

Der Sadd el-Ali (Der hohe Damm) wird große Teile der Wüste in fruchtbare Felder verwandeln, weitgehende Strecken Ägyptens mit elektrischem Strom versorgen und ein neues Erholungszentrum schaffen.

Außerdem sollen in dem durch den großen Stausee beeinflußten Raum neue Industrien entstehen. Der Stausee wird insgesamt eine Länge von 600 km erhalten, wovon 250 km in die Republik Sudan reichen. Die landwirtschaftliche Nutzungsfläche wird dadurch um $^1/_3$ erweitert, und an manchen Stellen wird ein mehrmaliges Ernten im Jahr möglich sein. Man schätzt, daß der gesamte Ertrag der Landwirtschaft um mindestens 50% gesteigert werden kann. Ein im Zusammenhang mit diesem Projekt entstehendes Kraftwerk soll eine Jahresleistung von 10 Mrd. kWh erhalten, wodurch im Süden Ägyptens ein großes Industrierevier mit Erzgruben, Elektrostahlwerken, Aluminiumhütten, Verarbeitungsbetrieben, Düngemittelfabriken und Chemieunternehmen entstehen kann. Die überschüssige Elektrizität wird in Fernleitungen in die Städte Nordägyptens geleitet. REUTER

Wasserkraftwerke in Serienproduktion

In der Sowjetunion werden im Betrieb Sewenergo-Projekt vorgefertigte Betonteile hergestellt, die auf den Baustellen zu Talsperren montiert werden können.

Die einzelnen Hohlblöcke wiegen 60 t und werden auf Lastkähnen zum Montageplatz gefahren. Die Hohlräume der Blöcke werden auf der Baustelle mit Sand ausgefüllt. REUTER

Kavernenkraftwerk im Ourtal (Luxemburg)

Bei Vianden im Ourtal wird das größte Pumpspeicherwerk Europas entstehen. Der Höhenunterschied zwischen Ober- und Unterbecken beträgt 300 m. Das Oberbecken erhält einen Damm mit einer mittleren Höhe von 14 m und einer Länge von 2,3 km.

Im ersten Ausbau erhält das Becken ein Fassungsvermögen von 2750000 m³. Das Kraftwerk wird als Kavernenkraftwerk errichtet, wobei eine Kaverne ausgebrochen wird, die folgende Ausmaße erhält 17 m breit, 29 m hoch, 300 m lang. Die Kaverne steht in zerklüftetem Tonschiefer.

Eine Staumauer oberhalb von Vianden von 25 m Höhe und 100 m Länge schließt das Unterbecken ab. Die Pumpleitung hat eine Länge von 512 m und einen Durchmesser von 6 m. Das Kraftwerk wird in der ersten Ausbaustufe eine Leistung von 400000 kW und in der zweiten Stufe eine Leistung von 800000 kW aufweisen. REUTER

Großkanalobjekt für Kaspische Senke

29 Mill. ha Land der Kaspischen Senke werden durch ein großes Kanalsystem, das das Wasser von der Wolga und vom Ural bezieht, bewässert.

Dadurch entsteht in der Kaspischen Senke, in der zwei Hauptkanäle mit einer Gesamtlänge von 900 km angelegt werden, ein neues Zentrum des Obst- und Weinbaus. Außerdem werden große Reis-, Gemüse- und Zuckerrübenplantagen entstehen. REUTER

Bewässerungsprogramm in Iran

In Iran wird z. Z. das sogenannte Khuzestan-Programm ausgearbeitet, das ein Talsperrensystem von 14 Sperren vorsieht, von denen der Staudamm am Dez der größte ist. Er soll einen 60 km langen Stausee mit 3300000 cbm Wasser auf einer Fläche von 6300 ha erhalten, wodurch 145000 ha Ackerland bewässert werden können. Der Damm wird der größte im Mittleren Osten und der siebtgrößte der Welt werden. Das Khuzestan-Programm knüpft an die Entwürfe des persischen Königs DARIUS (etwa vor 2500 Jahren) an. Damals gehörte diese Provinz zu den am höchsten entwickelten Kulturländern der Erde. REUTER

Künstliche Bewässerung

Die künstliche Bewässerung ist nicht nur für die Randgebiete von Wüsten, für Halbwüsten und die Niederungen von Zweistromländern oder Deltaablagerungen von unermeßlichem Wert, auch in humiden Gebieten mit leichten und gelegentlich von Dürren heimgesuchten Böden hat sie eine große Zukunft. Wir entnehmen einem Beitrag von BARUFKE aus „Wissenschaft und Fortschritt", Jg. 10 (1960), S. 412

In der UdSSR stieg die Bewässerungsfläche von 3962000 ha im Jahre 1913 auf 6229000 ha im Jahre 1940. Bis 1965 sollen weitere 1900000 ha bewässert werden.

In der Volksrepublik Bulgarien wurden 1958 450000 ha, das ist 12,5 mal soviel wie vor 1944, bewässert. Bis 1959 waren es bereits 600000 ha, bis 1965 werden es 2000000 ha, d. h. 40% der Ackerfläche, sein.

Die Volksrepublik Ungarn verfügt über Bewässerungsanlagen für 150000 ha. Bis 1965 sind Einrichtungen zur Bewässerung für 817000 ha vorgesehen.

In der Rumänischen Volksrepublik erreichte die Bewässerungsfläche 1958 102152 ha gegenüber 15400 ha im Jahre 1940. 1959 wurde der Bau von Meliorationsanlagen für weitere 100000 ha in Angriff genommen. Bis 1965 sollen 1100000 ha künstlich bewässert werden.

Die ČSSR bewässerte 1958 40000 ha. Bis 1975 soll es eine Fläche von 472000 ha sein.

In der Volksrepublik Albanien erreichte die Bewässerungsfläche 1958 96000 ha gegenüber 29000 ha vor der Volksherrschaft.

Die Größe der bewässerten Ländereien beträgt in der Deutschen Demokratischen Republik etwa 60000 ha. Bis 1965 soll diese Fläche ausschließlich durch Beregnung verdoppelt werden.

Auf leichten Böden ließen sich die Erträge in Versuchen mit künstlicher Bewässerung erhöhen

bei Grünland	auf 242,0% (!)
bei Futterhackfrüchten	auf 257,8% (!)
bei Feldfutterpflanzen	auf 206,5% (!)
bei Gemüse	auf 148,0%
bei Ölfrüchten	auf 139,4%
bei Kartoffeln	auf 128,6%
bei Getreide	auf 123,1%

Der Bewässerung leichter Böden sollten unsere Bodenkundler und Hydrogeologen ebenso große Aufmerksamkeit schenken wie der Entwässerung mooriger Ländereien. In wasserreichen Gebieten unserer DDR sollten jedenfalls Dürreschäden auf leichten Böden eigentlich der Vergangenheit angehören. E.

Sonstiges

Sylvinitlagerstätte in der Republik Kongo

In der Republik Kongo (dem früheren Französisch-Kongo) soll 50 km östlich von Pointe-Noire ein umfangreiches Kalivorkommen entdeckt worden sein. Durch mehrere Bohrungen wurde eine etwa 5 m mächtige Sylvinitschicht angefahren. Weitere Erkundungsarbeiten sind eingeleitet, da man die Lagerstätte für bauwürdig hält. E.

Salzgitter-Saugbohranlagen beim Bau von Brückenpfeilern

Über den Maracaibosee wird eine 9 km lange Brücke gebaut. Für das Bohren der Löcher der Pfeiler werden Salzgitter-Saugbohrgeräte vom Typ PS 150 verwendet, die nach der Linksspülmethode arbeiten und in dem Bohrgestänge und durch die Pumpe Gerölle bis zum Durchmesser von 150 mm zutage fördern. Es wird dabei eine Leistung von 9,8 m/h erreicht, d. i. etwa 10mal mehr als mit den üblichen Methoden. REUTER

Ergebnisse neuer Isotopenforschung

Nach Mitteilungen von Dr. H. OESCHGER (Physikalisches Institut der Universität Bern) vor der Schweizerischen Gesellschaft für Atomenergie ist das seit Urzeiten (möglicherweise seit einigen Milliarden Jahren) bestehende Gleichgewicht zwischen radioaktivem und gewöhnlichem Kohlenstoff durch die Wasserstoffbomben-Explosionen merklich gestört worden. Ein C-14-Atom hält sich als Bestandteil eines Kohlensäuremoleküls etwa sechs Jahre in der Atmosphäre auf, ehe es mit dem Regen auf das Land oder ins Meer gelangt. Die Bestimmung der Gehalte des atmosphärischen, biosphärischen und ozeanischen Kohlenstoffs an radioaktivem C 14 macht es möglich, die Austauschmöglichkeiten zwischen dem Tiefenwasser der Ozeane (ca. +2° C und ca. $34^1/_2$ pro mille Salzgehalt) und dem Oberflächenwasser festzustellen. Oberflächenwasser hat eine mittlere Verweilzeit von 20 bis 30 Jahren, erreicht dann in etwa 200 m Tiefe die Temperatursprungschicht und kann sich nun, nach Absinken auf den Ozeangrund, dort 1000 bis 1500 Jahre aufhalten, ehe es durch Vertikalströmungen wieder zu wärmerem Oberflächenwasser wird. Berner Physiker haben durch Messungen an dem Isotopenpaar Helium/Tritium festgestellt, daß Eisenmeteoriten 10 bis 1000 Mill. Jahre, Steinmeteoriten 10 bis 300 Mill. Jahre ihre Flugbahn durch radioaktive Strahlenschauer gezogen haben. E.

Kunstdünger in der DDR

Die Stickstoff produzierenden Werke der DDR haben eine Planauflage von 332000 jato. Während wir über genügend Kalisalze zur Herstellung von Mischdüngern verfügen, fehlten uns bisher eigene Vorkommen an Rohphosphaten. Es stehen in unserer Republik lediglich 10000 t Thomasschlacke zur Weiterverarbeitung zur Verfügung. Der übrige Phosphatbedarf wird durch Importe von Kola-Apatiten gedeckt. Trotzdem wäre die Auffindung von bauwürdigen Phosphaten, Phosphoriten oder anderen phosphathaltigen Rohstoffen im eigenen Lande im Interesse unserer Landwirtschaft wünschenswert. In Piesteritz befindet sich gegenwärtig ein Volldüngerwerk mit einer Kapazität von 155000 jato im Bau, das eine Mischung von Stickstoff, Kali und Phosphorsäure unter der Bezeichnung „Pikaphos" herstellen wird. E.

Mineraldünger in der UdSSR

Nach S. I. Wolfkowitsch in „Semljedelije" Nr. 9, 1960, steht die Sowjetunion in der Herstellung von Mineraldüngern an erster Stelle in Europa und an zweiter Stelle in der Welt. In den nächsten 15—20 Jahren ist unter anderem vorgesehen: Verstärkte Herstellung von Komplexdüngern, die neben den Hauptnährstoffen auch Spurenelemente enthalten; Erweiterung der Produktion von bor-, kupfer- und manganhaltigen Düngemitteln und Aufnahme der Erzeugung von molybdän-, kobalt-, zink- und jodhaltigen Düngemitteln und anderen Mikrodüngern; Herstellung eines Teiles der Kalidünger in Form von chlorfreien Salzen; Nutzung der örtlichen mineralischen Abfälle sowie deren Nebenprodukte als Düngemittel und Zwischenprodukte für deren Herstellung; umfassende Nutzung aller Mittel für die chemische Bodenverbesserung, wie Kalk, Dolomit, Gips u. a.; die Entwicklung zur Herstellung ballastfreier Düngemittel mit höheren Konzentrationen, wie Ammonium- und Kaliummetaphosphat, Phosphaninverbindungen, Kaliumnitrat u. a.; Entwicklung von Stoffen, die die Bodenstruktur verbessern und das Wasseraufnahmevermögen des Bodens erhöhen.

Einerseits werden in verstärktem Maße schwerlösliche Stickstoff- und stickstoffhaltige Komplexdünger, andererseits flüssige Stickstoffdünger, deren Herstellungskosten um 40% unter denen von festen Stickstoffdüngern liegen, produziert werden. Die Verwendung von chlorfreien Kalisalzen hat sich unter anderem bei Kartoffelkulturen bestens bewährt. Granuliertes Doppelsuperphosphat mit 45—50% wasserlöslichem P_2O_5 wird als Universaldünger verwendet werden.

Fluorloses Phosphat, das aus Apatitkonzentrationen hergestellt wird, enthält 34—36% zitronenlösliches P_2O_5 und 37—38% P_2O_5, das in 0,4%iger Salzsäure löslich ist. Wird es aus Kara-Tau-Phosphoriten gewonnen, dann enthält es 21—22% zitronensäurelösliches P_2O_5 und 24—25% P_2O_5, das in 0,4%iger Salzsäure löslich ist. Die fluorlosen Phosphate werden durch Zersetzung von Rohphosphaten bei 1450 bis 1550°C nach einem hydrothermischen Verfahren gewonnen. Das Apatitkonzentrat wird dabei mit 2—3% Sand vermischt, Kara-Tau-Phosphoriten wird noch Kalkstein zugesetzt.

Der chlorfreie Kalidünger besteht aus Kaliumsulfat, das etwa 50% Kaliumoxyd enthält. Bei der Produktion von Aluminium aus Nephelinen und Syeniten wird als Nebenprodukt viel Pottasche (Kaliumkarbonat) mit etwa 60% Kali anfallen. Bordoppelsuperphosphat enthält 6—8% Borsäure. Als kupferhaltige Düngemittel sollen neben Pyritabbränden noch Kupfervitriol, kupferhaltige Schlacken, Kupferoxyd und andere Kupferverbindungen benutzt werden. Manganhaltige Düngemittel werden in der Ukraine in Form von Manganschlamm und Mangansulfat Verwendung finden. Molybdänhaltige Mikrodünger werden in Form von molybdänsaurem Ammonium und Molybdänsuperphosphat zur Anwendung kommen.

Für die wichtigsten landwirtschaftlichen Kulturen und Böden sind zehn Grundtypen von Düngermischungen mit standardisierten Nährstoffverhältnissen festgelegt worden.

Unter den Stoffen, die die Bodenstruktur verbessern, nimmt neben Kalk und Mergel die Braunkohle eine bevorzugte Stellung ein. An der Nutzung der riesigen Kohlensäuremengen, die in den Industrieabgasen bisher nutzlos anfallen, wird energisch gearbeitet. E.

Farbiger Zement

In Charkow wurde farbiger Zement aus Hochofenschlacke gewonnen. Bisher waren Farbänderungen bei Zement nur möglich durch Zusatz von weißem Klinker, für dessen Herstellung teurer Kaolin erforderlich war. Er wird in dem neuen Verfahren durch Kaolinabfälle ersetzt. Nach einen geringfügigen Zusatz von Farbstoffen erhält der Zement einen roten, rosa, blauen oder gelben Farbton. E.

Kurznachrichten

Nach Mitteilung amerikanischer Konzerne sind auf **Spitzbergen** etwa 200 Bohrungen **ölfündig** geworden. Mit der Produktion soll im Sommer 1961 begonnen werden.

1959 waren in der **Welt** 956 **geophysikalische Meßtrupps** (darunter 810 seismische) tätig, für die täglich etwa 1 Mill. $ verausgabt wurden.

Mit dem Bau einer 1140 km langen **Rohölleitung** ist in **Indien** zwischen den Städten Nahrkatija und Barauni begonnen worden (Mai 1962 Inbetriebsetzung).

Bohrrohre aus Aluminium werden in den USA für Tiefbohrungen bis über 3000 m Teufe verwertet.

Die **Kupfergruben** in **Nordrhodesien**, die 1959 etwa 595000 t Kupfer produzierten, haben 1960 eine 10%ige Produktionseinschränkung durchgeführt.

Mitte 1963 soll mit der Ausbeutung der in **Neufundland** neu erkundeten **Asbest**lagerstätten begonnen werden. Die Vorräte sind auf 22 Mill. t berechnet worden. Der Asbest soll von guter Qualität, geschmeidig und langfaserig sein.

Zwischen Sylt, dem Jadebusen und der Doggerbank werden von dem Sonderschiff „**Prospekta**" der Prakla seismische Messungen zur **Vorerkundung** erdölhöffiger Strukturen durchgeführt.

In **Bulgarien** waren Ende 1959 an Vorräten erkundet etwa 300 Mill. t Eisenerze, über 100 Mill. t Blei-Zink-Erze, etwa 105 Mill. t Kupfererze, 43 Mill. t Kokskohlen, 4 Mrd. t Lignit und 300 Mill. t Hartbraunkohle.

Die Aufschlußbohrung Groß-**Hamburg** 2 bei Sinstorf ergab aus einem 3 m mächtigen Speicher des Doggers β aus 2178 bis 2181 m Tiefe bei Testversuchen etwa 25 m³ **Rohöl**.

In der **Eckernförder Bucht** soll die **Erdölsuche** von Bohrinseln aus aufgenommen werden, nachdem das Forschungsschiff „Gauss" dort durch seismische Messungen höffige Strukturen festgestellt hat.

Die **Produktionskosten** pro t **Rohöl** betragen in den USA etwa 1 $, im Raum des Persischen Golfes nur 0,25—0,40 $.

In der Nähe von Abadan (**Iran**) soll für den Export nach Japan eine Verflüssigungsanlage für **Methangas** gebaut werden (Kapazität zunächst 10000, später 100000 moto).

In den nächsten Heften der Zeitschrift für angewandte Geologie

erscheinen u. a. folgende Beiträge:

J. Lamprecht & H. Ulbrich: XXI. Internationaler Geologenkongreß 1960 in Kopenhagen

J. Löffler: Zur Hartsalzverbreitung in Südbrandenburg und im Werra-Kalisalzgebiet

E. Wohlmann: Zinn-, Wismut- und Antimonbestimmungen in Erzen und Konzentraten unter Anwendung des Anionenaustauschers Wofatit L 150

W. Heger: Bodenformenkarten als Planungsunterlage für Landwirtschaftliche Produktionsgenossenschaften

G. Hempel: Die Messung von Linearen in der Tektonik

M. Michalíček & R. Květ: Genesis der Mineralwässer und ihre Auswertung für die Prospektion auf Erdöl und Erdgas (Teil II)

R. Reuter: Die Lagerungsverhältnisse des Zechsteins im Raum Bernburg—Güsten—Aschersleben

G. Seidel: Zur Konzeption der Kalierkundung im Thüringer Becken

G. Knitzschke: Vererzung, Hauptmetalle und Spurenelemente des Kupferschiefers in der Sangerhäuser und Mansfelder Mulde

Herausgeber: Staatliche Geologische Kommission und Zentrale Vorratskommission für mineralische Rohstoffe der Deutschen Demokratischen Republik. Chefredakteur: Prof. Dr. Erich Lange, Berlin. Redaktion: Berlin N 4, Invalidenstraße 44. Verlag: Akademie-Verlag GmbH, Berlin W 8, Leipziger Straße 3—4 (Fernsprecher 220441, Telex 011773, Postscheckkonto: Berlin 35021). Bestellnummer des Heftes 1047/7/3. Die „Zeitschrift für angewandte Geologie" erscheint monatlich. Bezugspreis 2,— DM je Heft. — Satz und Druck: Druckhaus „Maxim Gorki", Altenburg. Veröffentlicht unter der Lizenznummer ZLN 5008 des Ministeriums für Kultur. Karten: MdI der DDR Nr. 6172/K 11.

FSC
www.fsc.org
MIX
Papier | Fördert gute Waldnutzung
FSC® C083411

Zeitfracht Medien GmbH
Ferdinand-Jühlke-Straße 7
99095 Erfurt, Deutschland
produktsicherheit@kolibri360.de